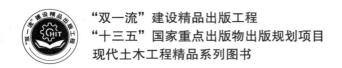

"双一流"建设精品出版工程

"十三五"国家重点出版物出版规划项目

现代土木工程精品系列图书

# 环境微生物群落结构解析实验技术

EXPERIMENT ON THE STRUCTURE AND SUCCESSION OF
ENVIRONMENTAL MICROBIAL COMMUNITY

李冬梅 主编

U0211918

哈尔滨工業大學出版社

HARBIN INSTITUTE OF TECHNOLOGY PRESS

## 内 容 简 介

微生物是生态系统的重要组成部分,研究水环境中微生物的多样性和群落结构对于开发微生物资源、进行水体生物修复具有重要意义。现代分子生物学和微生物特异指纹技术的发展为研究水体微生物提供了行之有效的方法。本书介绍了国内外水环境领域前沿的微生物群落结构解析的实验方法,内容涵盖水环境样品(淡水和沉积物)DNA 提取方法、变性梯度凝胶电泳(DGGE)技术、末端限制性片段长度多态性(T-RFLP)技术、脉冲场电泳技术(PFGE)、Biolog®微生物群落生理学(CLPP)技术、MIDI 脂肪酸(FAA)技术等多个方面,每个部分都包括对实验技术的详细介绍,以及对技术的应用方向、技术局限性、实验步骤、试剂的配置和相关仪器设备的基本原理、操作方法的讲解,使用者可以根据本书的内容选择实验方法、进行实验,完成自己的科研工作。

本书可作为高等学校环境类专业的教材用书,也可供科研工作者在科研实验时参考。

**图书在版编目(CIP)数据**

环境微生物群落结构解析实验技术/李冬梅主编. —哈尔滨:
哈尔滨工业大学出版社,2020.9
ISBN 978-7-5603-8635-5

Ⅰ.①环…　Ⅱ.①李…　Ⅲ.①环境微生物学-群落生态学-
实验技术　Ⅳ.①X172-33

中国版本图书馆 CIP 数据核字(2020)第 003355 号

策划编辑　　王桂芝
责任编辑　　佟雨繁　　陈雪巍
出版发行　　哈尔滨工业大学出版社
社　　址　　哈尔滨市南岗区复华四道街 10 号　邮编 150006
传　　真　　0451-86414749
网　　址　　http://hitpress.hit.edu.cn
印　　刷　　哈尔滨市工大节能印刷厂
开　　本　　787mm×1092mm　1/16　印张 7.25　字数 160 千字
版　　次　　2020 年 9 月第 1 版　2020 年 9 月第 1 次印刷
书　　号　　ISBN 978-7-5603-8635-5
定　　价　　28.00 元

# 前　言

随着环境科学研究的不断深入，该领域的研究已经不再停留在简单的环境污染宏观指标上，而是深入地解析各种环境微生物种群之间结构和功能机理，从而更好地揭示环境污染治理过程中内在生物学规律和本质。

环境微生物种群结构分析方法有很多，国外研究者多采用现代分析技术，如 Biolog 微平板分析方法、磷脂脂肪酸法（PLFA）、基于分子生物学技术的多聚酶链反应-限制性片段长度多态性分析（PCR-RFLP）和 PCR-变性梯度凝胶电泳（PCR-DGGE）技术。国内除了少数几所高校和研究院所采用上述现代分析技术外，大多数采用微生物平板纯培养法。由于微生物形态简单，缺乏明显的外部特征，而且大多数自然环境中微生物生长繁殖的真实条件难以模拟导致不能获得全部微生物的纯培养，此外，一些细菌的世代周期很长，很难采用培养的方法进行分离，再加上选择性培养基计数等定量方法的不准确性，所以对这些细菌采用微生物平板纯培养法分析环境微生物种群具有明显的不足。现代微生物种群多样性分析技术因其能对环境样品中的微生物进行原位观察，且能快速、灵敏、有效地得到遗传水平上环境微生物的多样性信息，在环境领域的研究中具有明显优势，逐渐成为该领域的应用热点。

本书比较全面、系统地总结了迄今为止几乎所有环境微生物群落结构的研究方法，不但详细给出了每种方法的操作步骤，还提供了所用各种试剂的配方，有利于读者根据科研需要有针对性地选择研究方法。本书阐述了国内外水环境领域前沿的微生物群落结构解析的实验方法，并且还对该方法的应用以及优缺点给出评述。本书融入编者多年科研与教学实践，可以作为一本非常实用的工具书使用。

在此感谢哈尔滨职业技术学院王磊参编；另外，本书在编写过程中参考了相关公司产品的说明书，在此也对其表示感谢。由于编者水平有限，书中难免存在疏漏及不妥之处，敬请诸位读者批评指正。

编　者
2020 年 4 月

# 目　　录

# 第1章　环境样品核酸的提取

## 1.1　淡水微生物 DNA 的提取

本节主要介绍淡水微生物 DNA 的提取,同时说明取样和样品制备过程中的相关注意事项。从环境中取样和后续转移到实验室的过程中均要尽量保持原位。实验室分析时,样品需尽可能接近现场条件。

### 1.1.1　取样

微生物多样性的研究[1]、开发特定 DNA 探针和 PCR 扩增检测[2]等与环境微生物学有关的研究都需要进行 DNA 提取,因此取样方法的选择至关重要,我们要减少对取样点自然环境的扰动,以获得具有代表性的样品,同时需要保持样品完整性,以便在实验室里可能进行精确的二次取样。对于专性厌氧菌及其相关代谢产物的测定,在取样的过程中需要保持厌氧环境(如产甲烷菌的分离和甲烷产量的测定[3])。

**1.取样点的确定**

对于湖泊(库)通常只设取样垂线,在取样垂线上设置不同取样点,具体如下:

(1)湖泊(库)的不同水域,如进水区、出水区、深水区、浅水区、湖心区、岸边区,按水体类别设置取样垂线。

(2)湖泊(库)无明显功能区别,可用网络法均匀设置取样垂线。

(3)取样垂线上采样点的布设一般按表 1.1 执行,当有可能出现温度分层现象时,应做水温、溶解氧探索性实验后再定采样点。

(4)受污染影响较大的重要湖泊(库),应在污染物主要输送线上设置取样断面。

表 1.1　湖(库)取样垂线采样点的设置

| 水深 | 分层情况 | 采样点数 | 说明 |
|---|---|---|---|
| ≤5 m | | 一点(水面下 0.5 m 处) | ①分层是指湖水温度分层状况; |
| 5～10 m | 不分层 | 二点(水面下 0.5 m,水底上 0.5 m) | ②若水深不足 1 m,在 1/2 水深处设置取样点; |
| 5～10 m | 分层 | 三点(水面下 0.5 m,1/2 斜温层,水底上 0.5 m) | ③有充分证据证实在垂线水质均匀时,可酌情减少取样点 |
| >10 m | | 除水面下 0.5 m,水底上 0.5 m 外,按每一温层的1/2 处设置 | |

**2. 取样技术**

大多数微生物采样用经过灭菌的玻璃瓶或耐高温、无任何有毒物质的塑料瓶。通常用体积为 100~150 mL 的深棕色、带磨口塞的广口玻璃瓶或带有螺旋帽的无毒或能耐受多次连续高温消毒的聚丙烯塑料采样瓶。采样瓶洗涤、干燥后，用防潮纸或优质厚牛皮纸将瓶塞与瓶颈部包扎好，121 ℃高压灭菌 15~20 min。灭菌后的采样瓶在无菌室保存备用，超过 10 d 未使用的均须重新灭菌。表层湖水的微生物水样，可直接用灭菌采样瓶采取；深层湖水的微生物采样，可使用自制简易细菌采样瓶。采样瓶内应留有足够的空间，以便水样混合均匀。从采样到分析应不超过 4 h，如果超过 4 h 且气温在 10 ℃以上，水样应置于盛有冰的保温桶内冷藏，但保存时间不得超过 6 h。水样到达实验室后，如不能立即进行检测，须马上转移到 4 ℃冰箱内保存，储存时间不得超过 2 d。样品采样瓶的封口，在进行实验分析前不能打开，以防样品在分析测试前被污染[4]。

采集的水样如果含有太多泥沙，首先使用一系列不同大小的孔隙进行前置过滤，然后使用尺寸大小在 0.22~0.4 μm 之间的过滤器进行真空过滤，以去除水中生物颗粒，过滤装置可以采用圆柱形过滤膜、中空纤维过滤、切向流过滤（TFF）和涡流过滤。由于切向流在过滤过程中对膜的表面不停"冲刷"，所以在这种操作模式下有效地缓解了大的颗粒和分子在膜上堆积的现象，因此，利用切向流过滤进行生物分子分离，效率更高、浓缩或渗滤速度更快，目前国内外分子生物学实验室常采用切向流过滤法进行水样 DNA 的提取。

## 1.1.2 DNA 提取

从淡水中提取 DNA 的方法有很多，一般提取前都需要进行体积浓缩。多数研究人员采取的方法是将液体中的微生物细胞浓缩在孔隙大小为 0.22~0.45 μm 的过滤膜上，在含有溶菌酶、十二烷基硫酸钠和蛋白酶 K 的液体溶液中将滤膜上的微生物进行细胞溶解，溶解产物中的 DNA 通过沉降或浮力密度离心进行纯化。

**1. 快速提取细菌基因组 DNA**

下列步骤是参照 Pitcher[5]等的方法进行了部分改动后的快速提取细菌基因组 DNA 方法。该方法通过切向流过滤法（TFF）从 100 L 湖水的细菌细胞中提取总基因组 DNA，快速且相对经济。

（1）切向流过滤（TFF）和细胞浓缩。

使用 TFF 过滤系统将 100 L 湖水浓缩至 1 L；将湖水通过 3 μm 过滤器进行预过滤，去除较大的藻细胞，然后通过 0.22 μm 过滤器；将过滤后的 0.22 μm 滤膜用无菌的 50 mL 湖水重新悬浮细胞；20 000×g 离心 30 min 获得菌体沉淀。

（2）提取过程。

在体积为 100 μL、含有 50 mg/mL 新鲜溶菌酶的 TE 缓冲液（10 mmol/L Tris-HCl；1 mmol/L EDTA；pH 值为 8.0）中重新悬浮（1）中的菌体沉淀，在 37 ℃条件下孵育 30 min；

加入 0.5 mL 由 5 mol/L 硫氰酸胍、100 mmol/L EDTA 和质量浓度为 5 g/L 的肌氨酰组成的,经无菌过滤的细胞提取液,经短暂漩涡振荡,然后置于冰上 10 min;向细胞提取液中添加 0.25 mL 冷的 7.5 mol/L 醋酸铵溶液,彻底混合,然后在冰上放置 10 min;添加 0.5 mL 氯仿:2-戊醇(24:1)的混合物提取 DNA,混合摇匀;样品转移至 1.5 mL 离心管中,25 000×g 离心 10 min;缓慢将上清液转移到干净的离心管中,通过添加 0.5 mL 冷的异丙醇(2-propanol)沉淀 DNA;混合均匀,6 500×g 离心 5 min;弃去上清液,加入 1 mL 体积分数为 70% 的乙醇溶液冲洗沉淀物,在空气中干燥大约 15~30 min;100 μL 无菌蒸馏水中重新悬浮 DNA,-20 ℃ 条件下保存;用质量浓度为 7 g/L 的琼脂糖胶电泳鉴定 DNA,电泳条件:100 V、1~2 h。如果过滤需要多个过滤器,每次过滤应使细胞再次悬浮,离心沉淀集中之后提取 DNA。

（3）所需溶液。

① 细胞提取液:5 mol/L 硫氰酸胍,100 mmol/L EDTA,质量浓度为 5 g/L 的肌氨酰,pH 值为 8.0。

② 盐析液:7.5 mol/L 醋酸铵。

③ 分离液:氯仿:异戊醇（24:1）。

④ TE 缓冲液:10 mmol/L Tris-HCl,1 mmol/L EDTA,pH 值为 8.0。

### 1.1.3　水样中基因 DNA 的 PCR 扩增

（1）在冰浴中,按以下次序将各成分加入无菌的 0.5 mL PCR 管中。

① 5 μL 10×PCR 缓冲液。

② 8 μL dNTP 混合液(2 mmol/L)。

③ 1 μL 引物 1(10 pmol/L)。

④ 1 μL 引物 2(10 pmol/L)。

⑤ 0.5 μL Taq 酶（2 U/μL）。

⑥ 1 μL DNA 模板(50 ng~1 μg/μL)。

加 ddH₂O 至 50 μL。

（2）调整好反应程序。将上述混合液稍加离心,立即置于 PCR 仪上,执行扩增。首先在 94 ℃ 条件下预变性 2 min;然后进入循环扩增阶段,94 ℃ 30 s → 55 ℃ 30 s → 72 ℃ 30 s,循环 30 次;最后在 72 ℃ 条件下保温 7 min。

（3）结束反应。将 PCR 产物放置于 4 ℃ 条件下待电泳检测或 -20 ℃ 条件下长期保存。

### 1.1.4　PCR 的电泳检测

取 5~10 μL PCR 产物进行电泳检测,具体方法如下:

（1）将质量浓度为 15 g/L 的琼脂糖凝胶置微波炉中熔化,稍等冷却,倒入制胶槽中,待充分凝固后拔出样品梳。

（2）将凝胶板放入电泳槽，加入 1×TAE 缓冲液，使液面略高于凝胶。

（3）从反应混合液中取出 5 μL DNA 扩增产物，并加 1 μL 6×凝胶加样缓冲液，混匀后全部加入凝胶板的样品孔中进行电泳。

（4）电泳在 100 V 下运行约 45 min。

（5）在 500 mL 水中加入溴化乙锭（EB）保存液（EB 终浓度为 0.5~1 μg/mL）

（6）电泳结束后，将凝胶轻轻滑入溴化乙锭染色液，染色 20~30 min。

（7）染色后取出凝胶，用水稍漂洗，在紫外透射仪或凝胶成像仪下观察结果。

# 1.2　水中沉积物微生物 DNA 的提取

水中沉积物是指在水体中通过重力作用沉积的无机和有机固体。水中沉积物 DNA 提取有两种不同的方法：细菌分离法与直接提取法。前一种方法由 Torsvik 和其同事提出[6]，该方法在溶解细菌细胞和 DNA 提取之前，先从沉积物中分离细菌部分[7][8]。第二种方法通过直接溶解沉积物中的细胞，对释放的 DNA 进行提取[9]。这些方法需要比较多的取样量（50~100 g），限制了一次处理的样品数量。1991 年，Tsai 和 Olson[10] 对直接提取法进行了改良，用于沉积物中 DNA 的快速提取。所需的样品量小（1.0 g），可以处理更多的样品。表 1.2 对细菌分离法和直接提取法提取水中 DNA 的方法进行了简要的总结。

表 1.2　细菌分离法和直接提取法的比较

| 细菌分离法 | |
| --- | --- |
| 优点 | 缺点 |
| 保证提取的 DNA 来自细菌 | 与沉积物紧密结合的细胞不易释放 |
| 防止 DNA 与沉积物直接接触 | 工作量大 |
| 受腐殖质污染影响较小 | 比直接提取产量低 |
| 获得高分子量 DNA | |
| 收集的有活性的细胞也可以用作其他研究 | |

| 直接提取法 | |
| --- | --- |
| 优点 | 缺点 |
| 更具代表性 | 可能获得的是非细菌性胞外 DNA |
| 工作量少，快速 | DNA 提取需与沉积物直接接触 |
| 产量高 | 受腐殖质污染 |

## 1.2.1　细菌分离法

细菌分离法参照 William E. Holben[7]提出的方法，进行了适当的修改，该法适用于有机质 2.3%、黏土 8.1%、$10^9$ 个细菌/g 的农业表层土壤，也适合成分相似的沉积物或活性污泥,需要质量为 50 g、产量为 1~2 μg/g 的样品,所得 DNA 片段大小为 50 kb,且含有一些腐殖质污染,适于杂交、酶切和克隆使用。

**1. 溶液准备**

(1)10×Winogradsky's 盐溶液(10×WS)2 L。

于 800 mL 蒸馏水中溶解 5 g $K_2HPO_4$;另于 800 mL 蒸馏水中溶解 5 g $MgSO_4 \cdot 7 H_2O$、2.5 g NaCl、50 mg $Fe_2(SO_4)_3 \cdot H_2O$、50 mg $MnSO_4 \cdot 4 H_2O$;将两者混合。然后用浓 HCl 调节 pH 值为 6.0,用蒸馏水定容至 2 L。使用前,按 1∶10 比例用蒸馏水稀释后高压灭菌。

(2)均质溶液。

1× Winogradsky's 盐溶液;0.2 mol/L 抗坏血酸钠溶液。

(3)用酸处理带有腐殖酸的聚乙烯聚吡咯烷酮(PVPP)复合物。

在搅拌情况下将 300 g PVPP 缓慢加入到体积为 4 L、物质的量浓度为 3 mol/L 的 HCl 溶液中(3 mol/L 的 4 L HCl 溶液配制过程:缓慢将 992 mL 浓 HCl 加入到 4 L 的装有 3 008 mL 蒸馏水的烧杯中),盖住烧杯口,搅拌一夜;悬浮液通过 Miracloth 滤布过滤(使用大布氏漏斗和 4 L 真空瓶);将过滤后的 PVPP 加入到 4 L 蒸馏水中重新悬浮,混合 1 h,通过 Miracloth 滤布过滤;将过滤后的 PVPP 加入到 20 mmol/L 磷酸钾缓冲液(pH 值为 7.4)中重新悬浮,混合 1~2 h,用 pH 试纸测定 PVPP 悬浮液 pH 值为值;重复过滤 PVPP 悬浮液后用 20 mmol/L 磷酸盐缓冲液(pH 值为 7.4)洗涤,直到 pH 值为 7.0;最后过滤的 PVPP 散布到滤纸上,空气干燥过夜。

(4)TE 缓冲液,pH 值为 8.0,2 L(包含 33 mmol/L Tris,1 mmol/L EDTA, pH 值为 8.0)。

将下列溶液加到 1 L 的蒸馏水中:1 mol/L Tris,pH 值为 8.0,66 mL;0.5 mol/L EDTA 二钠盐,pH 值为 8.0,4 mL。定容到 2 L, 高压灭菌。

(5)5 mol/L 氯化钠(NaCl)溶液,500 mL。

将 146.1 g NaCl 加到 400 mL 蒸馏水中,搅拌溶解后定容到 500 mL,高压灭菌。

(6)质量浓度为 200 g/L 的肌氨酰。

将 20 g N-月桂基肌氨酸加到 50 mL 蒸馏水中,混合(轻微加热,有助于肌氨酸的溶解);定容到 100 mL,高压灭菌。

(7)Tris/蔗糖/EDTA 溶液,250 mL(包含 50 mmol/L Tris,0.75 mol/L 蔗糖溶液,10 mmol/L EDTA,pH 值为 8.0)。

将以下物质(12.5 mL 1 mol/L Tris,pH 值为 8.0;64.2 g 蔗糖;5 mL 0.5 mol/L EDTA, pH 值为 8.0)加入到 200 mL 蒸馏水中,然后用蒸馏水定容到 250 mL,高压灭菌。

(8)溶菌酶溶液(40 mg/mL),5.0 mL。

将 200 mg 溶菌酶溶解于 5.0 mL TE 缓冲液中,当天制备当天用,用之前冰浴。

(9)链霉蛋白酶 E(10 mg/mL),5.0 mL。

将 50 mg 链霉蛋白酶溶解于 5.0 mL TE 缓冲液中,使用前先在 37 ℃条件下活化 30 min。

（10）溴化乙锭（10 mg/mL），100 mL。

溶解 1.0 g 溴化乙锭于 100 mL TE 缓冲液中，磁力搅拌器过夜搅拌。注意：溴化乙锭是强诱变剂，处理时应谨慎。

（11）氯化铯平衡溶液（$R_f$ = 1.388 5）。

加 250 g 氯化铯（CsCl）于 250 mL 无菌蒸馏水中，充分混合直至 CsCl 溶解；加入 12.5 mL 10 mg/mL 溴化乙啶；测定折射率（$R_f$），通过加氯化铯提高 $R_f$，加水降低 $R_f$，调节 $R_f$ 为 1.388 5。

**2. DNA 提取**

（1）将 50 g 沉积物样品，200 mL 均质溶液和 10 g 酸洗的 PVPP 放入 1.2 L 的搅拌罐里。

（2）搅拌罐放在冰水浴里冷却 1 min，间隔 1 min 重复 1 次，共重复 3 次，使之混合均匀。

（3）将混合均匀的溶液倒入 250 mL 离心管中，在 1 000×g，4 ℃条件下离心 15 min，将颗粒沉积物、真菌和其他碎片与溶液分开。

（4）小心地将上清液倒入一个干净的 250 mL 离心管中，在 23 000×g、4 ℃条件下离心 20 min，收集沉淀的微生物部分。

（5）向沉淀颗粒中加入 200 mL 的均质缓冲液，分别以 1 000×g 和 23 000×g 转速离心 2 次以上。

（6）在 200 mL 的 TE 缓冲液中悬浮微生物沉淀，在 23 000×g 4 ℃条件下离心 20 min，收集菌体。

（7）在 20 mL 的 TE 缓冲液中悬浮细胞，将细胞悬浮液转移到 50 mL 离心管中，加入 5.0 mL 5 mol/L 氯化钠，125 μL 质量分数为 200 g/L 的肌氨酸，在室温下静止 10 min，14 740×g 4 ℃条件下离心 20 min 收集细胞。

（8）在 5 mL Tris／蔗糖／EDTA 溶液中悬浮细胞颗粒。

（9）加入 0.5 mL 溶菌溶液，涡流混合，在 37 ℃温度条件下静态孵育 60 min。

（10）加入 0.5 mL 链霉蛋白酶 E，涡流混合，在 37 ℃温度条件下静态孵育 30 min。

（11）转到 65 ℃水浴 10 min，加入 250 μL 质量分数为 200 g/L 的肌氨酸，65 ℃温度条件下孵育 45 min。

（12）转移到冰上，至少停留 30 min。

（13）40 000×g 4 ℃条件下离心 1 h。

（14）小心地将上清液移至干净的 50 mL 离心管中，加入 10 mL 无菌蒸馏水，13 g 细研磨的氯化铯和 5 mL 的溴化乙锭（10 mg/mL）。缓慢反转，直到氯化铯溶解，通过添加氯化铯（增加）或蒸馏水（减少）调节折射率为 1.386 5。

（15）将混合物移至超速离心管中，在 255 800×g、18 ℃条件下超速离心 16～20 h。

（16）停止超速离心，小心将离心管取出，避免晃动扰乱溶液。

（17）将溶液移至一干净超速离心管中，重复超速离心的步骤。

（18）在紫外光照下，使用 5 mL 注射器或穿刺针，提取带式 DNA 1 ~ 2 mL，具体过程如下：在离心管顶部戳一个洞，使空气进入；插入针头和注射器针至可见 DNA 下方，慢慢上拉注射器柱塞提取 DNA 带。注意：须戴手套和紫外线护目镜做好防护，避免紫外线照射和溴化乙锭对人体造成伤害。

**3. 溴化乙锭的异丙醇去除**

（1）溶液准备：5 mol/L 氯化钠饱和异丙醇溶液。

首先于 2 L 容器中配制 1 L 5 mol/L 氯化钠（282.2 g/L），进行高压灭菌；然后待 5 mol/L氯化钠溶液冷却至室温后，向其中加入 1 L 异丙醇，充分混合，放置，直至分层；最后继续添加异丙醇，直到相分离后有一些氯化钠析出。

（2）实验过程。

将提取得到的 DNA（1 ~ 2 mL）移至 5 mL 离心管中；加入等量体积的 5 mol/L NaCl 饱和异丙醇溶液，轻轻反转混合；静置至相分离；用玻璃移液管从顶部移取有机相（异丙醇）部分，弃去（含有溴化乙锭的异丙醇呈粉红色），重复步骤 2 ~ 4 次，直到粉红色消失，最后再重复 1 次（通常共有 5 次）。

**4. 脱盐和浓缩**

（1）溶液准备。

3 mol/L 乙酸钠（NaOAc），pH 值为 5.2，250 mL：将 61.52 g 无水醋酸钠溶解于 150 mL 蒸馏水中，用冰醋酸调节 pH 值为 5.2，用蒸馏水定容至 250 mL，高压灭菌。

（2）实验过程。

去除溴化乙锭后，将 1.5 mL DNA 溶液、3 mL 无菌水、9 mL（−20 ℃）冷冻的无水乙醇移至 30 mL 玻璃管中，盖上盖，反转或涡流彻底混合，−20 ℃ 过夜；7 500 r/min（4 385×g）4 ℃ 离心 1 h；小心弃掉（倾倒）上清液，不要扰乱沉淀颗粒。将管倒置于纸巾上沥干（5 min）；加入 400 μL 无菌蒸馏水，通过涡流混合溶解 DNA；将 DNA 溶液转移至 1.5 mL 微量离心管中；加 40 μL 3 mol/L 无水醋酸钠（pH 值为 5.2）和 880 μL 冰（−20 ℃）无水乙醇于微量离心管中，彻底混合，−20 ℃ 条件下至少放置 1 h；4 ℃ 超速离心 15 ~ 30 min 收集 DNA；用吸管吸取上清液，弃掉，用体积分数为 70% 的冰乙醇（−20 ℃）清洗 DNA 沉淀，轻轻反转，不扰动颗粒，短暂离心（2 min），用吸管吸取上清液，弃掉，真空干燥或自然风干。100 μL 无菌水悬浮 DNA 沉淀，进行 DNA 定量。

## 1.2.2　直接提取法

该方法适用于含质量分数为 2.3% 的有机质、质量分数为 8.1% 的黏土，$10^9$ 细菌/g 的表层农业土壤和成分相似的沉积物或活性污泥。样品质量：10 g；DNA 产量：6 ~ 10 μg/g；所得 DNA 大小：30 ~ 40 kb；纯度：和细菌分离法相比，存在更多的腐殖酸，适用于限制性酶解和杂交，PCR 反应需要进行 DNA 纯化。

**1. 溶液制备**

（1）1 mol/L 磷酸盐缓冲液 1 L，pH 值为 7.0：0.2 mol/L 的 $NaH_2PO_4$ 2.1 mL，0.2 mol/L 的 $Na_2HPO_4$ 3.3 mL，用蒸馏水定容至 1 L。

（2）氯化铯（CsCl）平衡液（$R_f = 1.387~0$）：在 250 mL 无菌蒸馏水中加入 250 g CsCl，充分混合直至 CsCl 溶解；加入 12.5 mL 10 mg/mL 溴化乙啶；测定折射率（$R_f$），通过加氯化铯提高 $R_f$，加水降低 $R_f$ 调节 $R_f$ 为 1.387 0。

**2. 实验过程**

（1）将 20 mL 的磷酸盐缓冲液（1 mol/L，pH 值为 7.0）和 0.25 g 十二烷基磺酸钠（SDS）加入装有 10 g 样品的 50 mL 离心管中，混合均匀，70 ℃ 条件下孵育 30 min，每 5 min 混合振荡一次。

（2）添加 5.0 g 0.7～1.0 mm 玻璃珠和 5.0 g 0.2～0.3 mm 玻璃珠，室温下，在水平高速振动器上以 100 次/min 速度振荡 30 min。

（3）10 000×g 10 ℃ 离心 10 min，沉淀颗粒沉积物和细胞碎片。

（4）将上清液转移至干净的离心管中，在冰浴上孵育 15～30 min 沉淀十二烷基磺酸钠，在 10 000×g 10 ℃ 离心 10 min，小心地将澄清的溶液转移至干净离心管中。

（5）加入蒸馏水使溶液体积为 15.5 mL，加入 14.5 g 磨成细粉的氯化铯，轻轻翻转直至溶解，在室温下静置 10～15 min，沉淀蛋白质，2 000×g 10 ℃ 离心 10 min，沉淀的蛋白质会出现带有泡沫的浮动层，这一层应弃掉。

（6）将混合物转移至包含 0.65 mL 溴化乙锭（10 mg/mL）超速离心器管中，轻轻翻转混合，用氯化铯平衡液（$R_f = 1.387~0$）补充剩余体积，在 255 800×g 18 ℃ 温度下离心 9～16 h 得到 DNA 片段。

（7）使用 5 mL 注射器或穿刺针，在紫外光照下提取 1～2 mL 带式 DNA，方法同 1.2.1 节中的 2。

## 1.2.3　快速直接提取法[10]

该方法适用于阳离子含量高和泥沙砂含量低的沉积物。样品质量：1 g；DNA 产量：38 μg/g；所得 DNA 大小：6.5～23.1 kb；纯度：存在腐殖酸污染，适用于限制性酶解和杂交，PCR 反应需要进行 DNA 纯化。

**1. 溶液制备**

（1）溶菌酶溶液：0.15 mol/L NaCl，0.1 mol/L $Na_2EDTA$，pH 值为 8.0，添加 15 mg/mL 溶菌酶。

（2）细胞裂解液：0.1 mol/L NaCl，0.5 mol/L Tris-HCl，pH 值为 8.0，质量浓度为 100 g/L 的 SDS。

（3）Tris-HCl 饱和酚，pH 值为 8.0：500 mL 二次蒸馏的苯酚在 60 ℃ 水浴中融化；加

0.5 g 8-羟基喹啉,溶解混匀,此时溶液呈黄色;添加 500 mL 0.5 mol/L Tris-HCl,pH 值为 8.0,剧烈振荡;静置分层后从分液漏斗中放出下层黄色酚相,弃上层;将酚重新加至分液漏斗中,加入等体积的含 β-巯基乙醇质量浓度为 2 g/L 的 0.1 mol/L Tris-HCl(pH 值为 8.0),剧烈振荡,直至酚相 pH 值>7.8,将酚装入棕色试剂瓶中;加入 0.1 倍酚体积的含 β-巯基乙醇(质量浓度为 2 g/L)的 0.1 mol/L Tris-HCl(pH 值为 8.0)覆盖酚相,置于 4 ℃温度条件下贮存备用。

(4)TE 缓冲液,pH 值为 8.0:20 mmol/L Tris-HCl,1 mmol/L EDTA,pH 值为 8.0。

**2. 实验过程**

(1)称量 1 g 沉积物样品,放置于 15 mL 离心管中。

(2)加入 2 mL 0.12 mol/L 磷酸盐缓冲液(pH 值为 8.0),120 r/min 摇匀 15 min,6 000×g 离心 10 min,弃去上清液。

(3)再加入 2 mL 0.12 mol/L 磷酸盐缓冲液(pH 值为 8.0),漩涡混合。6 000×g 离心 10 min,弃去上清液。

(4)加入 2.0 mL 溶菌酶溶液到已洗过的沉积物颗粒中,混合均匀。37 ℃水浴孵育 3 h,每 20~30 min 混合 1 次,然后置于冰上。

(5)添加 2 mL 细胞裂解液,混合均匀。

(6)重复操作 3 次:-70 ℃干冰和乙醇浴中冷冻 5 min;65 ℃水浴中解冻 10 min。

(7)置于冰上。

(8)添加 2 mL Tris-HCl 饱和酚(pH 值为 8.0),涡流混合,6 000×g 离心 10 min。

(9)转移 3 mL 水层(顶层)至一干净的 15 mL 离心管中。

(10)加入 1.5 mL 苯酚和 1.5 mL 氯仿-异戊醇(24∶1),涡流混合,6 000×g 离心10 min。

(11)转移 2.5 mL 顶层溶液于一干净的 15 mL 离心管中。

(12)加入 2.5 mL 氯仿-异戊醇(24∶1),涡流混合,6 000×g 离心 10 min。

(13)转移 2 mL 顶层溶液于一干净的 15 mL 离心管中。

(14)加入 2 mL 冰异丙醇(-20 ℃),混合后-20 ℃ 孵育一整夜。

(15)在 1.5 mL 微量离心管中浓缩 DNA,每次离心 1 mL,10 000×g 4 ℃离心 10 min。

(16)0.5 mL 体积分数为 75% 的乙醇悬浮 DNA。

(17)10 000×g 4 ℃再次离心 10 min,弃去上清液。

(18)真空干燥或空气干燥 DNA 沉淀。

(19)100 μL TE 溶液中悬浮 DNA,定量使用。

## 1.2.4  高分子量 DNA 的直接提取方法[11]

该方法适用于两种分别含 1.5% 和 15% 有机质的土壤(此处为质量分数)和类似成分的沉积物。样品质量:0.1~5 g;所得 DNA 大小:高分子量;纯度:无明显的污染,适用于 PCR 反应和荧光定量 PCR。

**1. 溶液制备**

(1)洗涤液:120 mmol/L 磷酸盐缓冲液,pH 值为 8.0。

(2)裂解液I(现配现用):150 mmol/L NaCl,100 mmol/L EDTA,pH 值为 8.0,10 mg/mL 溶菌酶。

(3)裂解液II:100 mmol/L NaCl,500 mmol/L Tris-HCl,pH 值为 8.0,质量浓度为 100 g/L 的 SDS。

(4)10.5 mol/L 乙酸铵($NH_4OAc$):80.93 g/100 mL 蒸馏水。

**2. 实验过程**

(1)将 10 mL 洗涤液加入含有 1~5 g 样品的 50 mL 离心管中。漩涡混合,静置 10 min。

(2)7 500×g 离心 10 min,弃掉上清液,重复上述(1)(2)操作。

(3)将 8 mL 裂解液 I 加入沉淀物中,漩涡混合,37 ℃ 孵育 1~2 h。

(4)加入 8 mL 裂解液 II。

(5)–70 ℃冷冻 20 min,65 ℃ 解冻 20 min,重复三次。

(6)7 500×g 离心 10 min,弃掉颗粒物。

(7)在上清液中加入 2.7 mL 的 5 mol/L 氯化钠和 2.1 mL 质量浓度为 100 g/L 的 CTAB(十六烷基三甲基溴化铵),混合后在 65 ℃ 孵育 10 min。

(8)加入等体积的氯仿–异丙醇(24:1),短暂漩涡混合呈乳状液。

(9)3 000×g 离心 5 min,转移上层水相于干净的离心管内,弃去下层相。

(10)加入等体积的含有聚乙二醇(质量浓度为 130 g/L 的)的 0.7 mol/L 氯化钠溶液中。混合后,在冰上放置 10 min。

(11)12 000×g 离心 15 min,弃去上清液,用体积分数为70%的乙醇清洗沉淀物,空气干燥,在750 μL TE缓冲液中重新悬浮沉淀,转移至 1.5 mL 离心管中。

(12)加入 10.5 mol/L NH₄OAc,最终浓度在 1.5~2.5 mol/L 之间,在冰上放置 10 min。

(13)1 200×g 离心 15 min,将上清液移至干净离心管中,弃去沉淀。

(14)加入 2 倍体积的体积分数为 100% 的乙醇溶液,12 000×g 离心 15 min。

(15)用 0.5 mL 体积分数为 70% 的乙醇清洗沉淀物,12 000×g 离心 15 min,真空或空气干燥沉淀物,在 200 μL TE 缓冲液中重新悬浮沉淀物。

# 1.3　提取 DNA 的纯化

上述细菌分离法和直接提取法得到了不同纯度的 DNA,在 DNA 杂交、酶解,特别是 PCR 反应过程中需要高度纯化的 DNA,必要时需使用下列一个或多个纯化方法。

### 1.3.1　羟基磷灰石层析[9]

**1. 溶液配制**

（1）10 mmol/L 磷酸盐缓冲液，pH 值为 6.9：5 mmol/L $NaH_2PO_4$，5 mmol/L $Na_2HPO_4$。

（2）0.24 mol/L 磷酸盐缓冲液，pH 值为 6.8：0.12 mol/L $NaH_2PO_4$，0.12 mol/L $Na_2HPO_4$。

（3）启动缓冲液：8 mol/L 尿素，0.24 mol/L 磷酸盐缓冲液，pH 值为 6.8。

（4）羟基磷灰石（HA）悬浮液：用 100 mL 10 mmol/L 磷酸盐缓冲液稀释 8 g 干重 HA；加热沸腾 10 min，5 000 r/min 离心 2 min，舍弃上清液；100 mL 的启动缓冲液悬浮沉淀，调节 pH 值为 6.8，静置；5 000 r/min 离心 2 min，舍弃上清液。

（5）14 mol/L 磷酸盐缓冲液，pH 值为 6.8：7 mmol/L $NaH_2PO_4$，7 mmol/L $Na_2HPO_4$。

（6）0.3 mol/L 磷酸盐缓冲液，pH 值为 6.8：0.15 mol/L $NaH_2PO_4$，0.15 mol/L $Na_2HPO_4$。

**2. 实验过程**

（1）将 HA 沉淀与游离细菌溶菌产物混合。室温下保存 1 h，偶尔搅拌。

（2）向玻璃柱中，倒一层混合有 5.0 mL HA-DNA 悬浮液的启动缓冲液。

（3）用启动缓冲液清洗柱子，直至出水 A260 和 A280 基本为 0。

（4）用 150 mL 14 mmol/L 磷酸盐缓冲液清洗柱子，去除尿素。

（5）用 0.30 mol/L、pH 值为 6.8 的磷酸盐缓冲液，洗提 DNA。

### 1.3.2　PVP-琼脂糖凝胶电泳

通常情况下，在标准的电泳条件下 DNA 和腐殖质可以很好地分离；然而，腐殖质存在异构分子量（由于官能团的变化），并且在某些情况下，琼脂糖凝胶电泳时，DNA 和腐殖质会共同迁移。如果出现这种情况，可以添加 PVP（聚乙烯吡咯烷酮）于琼脂糖中以提高分离效果。PVP 会与腐殖质中酚类化合物形成氢键，以阻碍它们的电泳迁移率，以便将它们与 DNA 分开。该法用于在有几种沉积物和不同质地、不同有机质含量的土壤 DNA 制备中去除腐殖质[12]。

实验过程：

（1）配制质量浓度为 10 g/L 的低熔点的琼脂糖凝胶溶液，在 50 ℃温度下保存溶液。

（2）在质量浓度为 20 g/L 的 PVP 中加入琼脂糖凝胶。

（3）倒入制胶槽中，充分凝固后拔出样品梳。

（4）将 DNA 提取物加到琼脂糖凝胶孔中。

（5）4 V/cm 电压条件下在 1×TAE 或 1×TBE 中电泳，将褐色有机物从 DNA 片段中分离。

（6）用 0.5 μg/mL 溴化乙锭进行 DNA 染色。

（7）用刀片在紫外灯下将可见的 DNA 条带从凝胶上切除。

（8）用 DNA 凝胶回收试剂盒回收。

（9）用 50 μL dH$_2$O 洗脱试剂盒回收柱中的 DNA。

### 1.3.3　玻璃奶法

玻璃奶法用于在 DNA 直接提取时、苯酚抽提和乙醇沉淀的步骤中纯化 DNA,用于限制性酶切实验和 PCR 实验。

实验过程:

（1）将 55 μL 5 mol/L KAc 溶液和 125 μL 无水乙醇加入直接提取法获得的 1 mL DNA 提取液中,颠倒混匀,10 000×g 离心 10 min,取上层清液转移至新的 1 mL 离心管中。

（2）加入 300 μL 异丙醇,室温放置 30 min 或−70 ℃放置 2 min,10 000×g 离心 10 min,弃上清液。

（3）加入 500 μL 体积分数为 70% 的乙醇,室温放置 2 min,10 000×g 离心 5 min,弃上清液,打开盖子,室温晾干 2～5 min。

（4）在 1.0 mL TE 缓冲液中重新悬浮颗粒物。

（5）按照玻璃奶试剂盒说明书,用玻璃奶进一步纯化 DNA。

### 1.3.4　葡聚糖凝胶 G−200 离心层析

葡聚糖凝胶 G−200 离心柱过滤用于进一步去除沉积物 DNA 快速提取方法中产生的腐殖质,适用于 PCR 反应和分子克隆中的 DNA 纯化[13]。

实验过程:

（1）取 5 mL 灭过菌的一次性塑料注射器,用注射器推杆将灭过菌的玻璃棉推到注射器筒底部,使其厚度约为 0.5 cm。

（2）将 5.0 mL 无菌 TE 缓冲液浸透的葡聚糖 G−200 加入无菌注射器中。

（3）1 100×g 离心 10 min 去除过量的缓冲液。

（4）缓慢加入 100 μL 未纯化的 DNA 至柱子中间。

（5）1 100×g 离心 10 min,直至得到 100 μL DNA 洗脱液。

# 1.4　小　　结

由于淡水沉积物有机和无机成分复杂,而且变化显著,单独采用某一裂解方法不能达到满意的效果,因此要通过多种方法的组合,才能达到理想的裂解效果。同时由于淡水沉积物中存在较多的抑制剂(如腐殖酸等),它们可以与 DNA 结合,随着 DNA 共沉淀,影响后续分子生物学实验的操作,所以实验常需做进一步纯化。

# 参 考 文 献

［1］李冬梅,施雪华,孙丽欣,等. 磷脂脂肪酸谱图分析方法及其在环境微生物学领域的应用［J］. 科技导报,2012, 30(12):65-69.

［2］高景峰,孙丽欣,樊晓燕,等. 罗红霉素短期冲击对活性污泥中氨氧化微生物丰度和多样性的影响［J］. 环境科学, 2017,38(07):1-13.

［3］刘园园,姜伟伟,秦红玉,等. PCR–DGGE 技术在水牛瘤胃产甲烷菌多样性分析中的应用［J］. 南方农业学报, 2011,42(09):1144-1147.

［4］陈伟民,黄祥飞,周万平. 湖泊生态系统观测方法［M］. 北京:中国环境科学出版社, 2005.

［5］PITCHER D G, SAUNDERS N A, OWEN R J. Rapid extraction of bacterial genomic dna with guanidium thiocyanate［J］. Letters in Applied Microbiology,1989,8:151-156.

［6］TORSVIK V L. Isolation of bacterial DNA from soil［J］. Soil Biology and Biochemistry, 1980,12:15-21.

［7］HOLBEN W E, JANSSON J K, CHELM B K, et al. DNA probe method for the detection of specific microorganisms in the soil bacterial community［J］. Appl Environ Microbiol, 1988,54:703-711.

［8］STEFFAN R J, ATLAS R M. DNA amplification to enhance detection of genetically engineered bacteria in environmental samples［J］. Appl Environ Microbiol, 1988,54:2185-2191.

［9］OGRAM A, SAYLER O S, BARKAY T. The extraction and purification of microbial DNA from sediments［J］. Microbiol Methods,1987,7:57-66.

［10］TSAI Y L, OLSON B H. Rapid method for direct extraction of DNA from soil and sediments［J］. Appl Environ Microbiol, 1991,57:1070-1074.

［11］XIA X, BELLINGER J, OGRAM A. Molecular genetic analysis of the response of three soil microbial communities to the application of 2,4–D［J］. Molecular Ecology,1994,4:17-28.

［12］邵继海,何绍江,冯新梅. 四种土壤微生物总 DNA 的纯化方法的比较［J］. 微生物学杂志, 2005, 25(3):1-4.

# 第2章 变性梯度凝胶电泳(DGGE)

对于微生物群落的组成、结构、稳定性及其在自然生态系统中作用的研究来说,仅依靠传统的微生物技术,如常规镜检、培养方法等是不够的。微生物形态简单,缺乏明显的外部特征,大多数自然环境中的微生物由于难于模拟其生长繁殖的真实条件而不能获得纯培养[1]。因此根据生理生化特征对微生物进行分类鉴定也几乎是不可能的。这就导致我们对于自然界中微生物多样性的了解是非常有限的。分子生物学技术的应用能够为分析微生物群落提供崭新的机会。微生物群落的基因指纹分析技术,例如 PCR 扩增 16S rRNA 片段的 DGGE 分析技术,直接可视细菌的多样性,随后可通过序列分析识别微生物群落的组成。

本章将对 PCR 扩增 DNA 片段的 DGGE 技术在其理论和实际操作方面进行介绍,同时也对这一技术在微生物生态研究上的应用及限制进行了阐述。

## 2.1 变性梯度凝胶电泳(DGGE)技术简介

### 2.1.1 变性梯度凝胶电泳(DGGE)技术原理

DGGE 技术能够将长度相同但是含有不同碱基对的 DNA 片段分离开。双链 DNA 分子在含梯度变性剂(尿素、甲酰胺)的聚丙烯酰胺凝胶中进行电泳时,因其解链的速度和程度与其序列密切相关,所以当某一双链 DNA 序列迁移到变性凝胶的一定位置并达到其解链温度时,即开始部分解链,部分解链的 DNA 分子的迁移速度随解链程度增大而减小,从而使具有不同序列的 DNA 片段滞留于凝胶的不同位置,结束电泳时,形成相互分开的带谱[2]。通过这种方法,在高达 500 bp 的 DNA 片段上,50% 的序列变异体能够被检测出来。将富含 GC 的序列附加到 DNA 片段上,检测率将增加到 100%,GC 序列的附加体能够通过 PCR 技术制造 DNA 片段,将额外的富含 GC 的序列添加到 PCR 的一个引物的 5′ 末端。

DGGE 有两种电泳形式:垂直电泳和水平电泳。垂直电泳是指变性剂梯度方向和电泳方向垂直,在分析微生物群落的 PCR 扩增产物时,一般先要用垂直电泳来确定一个大概的变性剂范围。垂直电泳时,胶的变性剂梯度从左到右。在胶的左边,变性剂浓度低,DNA 片段是双链形式,因此沿着电泳方向一直迁移;在胶的右边,由于变性剂浓度高,DNA 一进入胶立刻就发生部分解链,因此迁移很慢;在胶的中间,DNA 片段有不同程度的解链。在变性剂浓度临界于 DNA 片段最低的解链区域时,DNA 的迁移速率有急剧的变化。因此,DNA 片段在垂直胶中染色后呈 S 形的曲线,凝胶最佳变性剂的浓度在平行

DGGE 的多条电泳条带中被确定。根据垂直电泳确定的范围,再用水平电泳来对比分析不同的样品。水平电泳是指变性剂梯度方向和电泳方向平行。在用水平电泳分析样品之前,先要优化确定电泳所需时间。一般采用时间间歇(Time Travel)的方法,即每隔一定时间加一次样品,从而使样品的电泳时间有一个梯度,根据这个结果,确定最佳的电泳时间。

### 2.1.2 DGGE 在微生物生态学中的应用

自从 1993 年 DGGE 被引入微生物生态学以来[3],现在 DGGE 及相关的温度梯度凝胶电泳 TGGE 被用于各种不同的目的,PCR 扩增的 DNA 片段的 DGGE 和 TGGE 技术在微生物生态研究中主要被用于:

(1)分析群落多样性[4][5]。

(2)研究群落动态[6]。

(3)分析细菌的富集和分离。

### 2.1.3 PCR-DGGE 的局限性

由于 DGGE 分析的 DNA 片段是经 PCR 产生的。PCR 一个最明显的优势就是可以从微量的 DNA 中得到产物。然而,这个增殖的过程也有它的不足之处,例如增殖出现错误、嵌合体的形成、异源双链核酸分子及优先扩增。DGGE 的局限性之一是仅能够分离相对较小的片段,最高可有 500 个碱基对[7]。在研究复杂环境生态系统(如土壤,人体肠道)时,其中微生物种类很多,DGGE 条带反映的是群落中的优势菌群,一般只有在总的微生物群落中占 1% 以上的种群才能被检测出来,系统中的弱势菌群不能被检测到[3]。另外由于某些种类 16S rDNA 拷贝之间的异质性问题及异源核酸双链分子的检出可能会导致自然群落中细菌数量的过多估计。因此,在进行 DGGE/TGGE 电泳之前,尤其是要分析单一条带序列时,要先用变性聚丙烯酰胺凝胶电泳对 PCR 产物进行纯化,然后再进行 DGGE 电泳。

# 2.2 DGGE 操作过程

### 2.2.1 核酸的扩增

**1. PCR 扩增**

(1)引物的选择。

用于 DGGE 分析的 DNA 片段是通过 PCR 扩增得到的,与普通 PCR 不同之处是引物上要加一个 GC 夹(GC Clamp),GC 夹的序列为:CGCCCGCCGCGCGCGGCGGGCGGGGCGGGGGC,常用的细菌 16S 通用引物的序列见表 2.1。

表 2.1 用于 DGGE 分析细菌 16S 的 PCR 引物

| 引物名称 | 序列 | 目的基因 |
| --- | --- | --- |
| 341 F + GC | 5′-CCT ACG GGA GGC AGC AG-3′ | 16S rRNA |
| 518R | 5′-ATT ACC GCG GCT GCT GG-3′ | 16S rRNA |
| 907R | 5′-CCG TCA ATT CMT TTG AGT TT-3′ | 16S rRNA |
| 1055F | 5′-ATG GCT GTC GTC AGC T-3′ | 16S rRNA |
| 1392R + GC | 5′-ACG GGC GGT GTG TAC-3′ | 16S rRNA |
| 968F + GC | 5′-AAC GCG AAG AAC CTT AC-3′ | 16S rRNA |
| 1330R | 5′-TAG CGA TTC CGA CTT CA-3′ | 16S rRNA |

（2）PCR 扩增。

在冰浴中,按以下次序将各成分加入无菌 0.5 mL PCR 管中:10×PCR 缓冲液,10 μL; dNTP 混合液(2 mmol/L),10 μL;引物 1(25 pmol/L),1 μL;引物 2(25 pmol/L),1 μL;Taq 酶(2 U/μL),0.5 μL;DNA 模板(50 ng/μL ~ 1 μg/mL),1 μL;加 ddH₂O 至 50 μL。

调整好反应程序。将上述混合液稍加离心,立即置于 PCR 仪上,执行扩增。扩增程序如下:94 ℃、5 min,65 ℃、1 min,72 ℃、3 min,循环 1 次;94 ℃、1 min,64 ℃、1 min(每两个循环降低 1 ℃),72 ℃、3 min,循环 19 次;94 ℃、1 min,55 ℃、1 min,72 ℃、3 min,循环 9 次;94 ℃、1 min,55 ℃、1 min,72 ℃、10 min,循环 1 次;4 ℃保存。

结束反应,将 PCR 产物放置于 4 ℃条件下待电泳检测或 -20 ℃长期保存。

**2. RT-PCR**

PCR 扩增前,总的 RNA 必须在反转录酶的作用下转录成 cDNA。我们使用随机六聚体引物混合物作为随机引物合成 cDNA 的第一条链。由于所有的 RNA 序列都被转录成 cDNA,因此这为 PCR 扩增时使用各种不同的引物提供了可能性。

（1）添加 1 μL 六聚体引物混合物(10 pmol)于 10 μL RNA(1 ~ 5 μg)中。70 ℃变性 10 min,然后放在冰上 1 min。

（2）加入下列试剂的混合物:10×PCR 缓冲液,2 μL;25 mmol/L MgCl₂,2 μL;10 mmol/L dNTP 混合液,1 μL;0.1 mol/L DTT,2 μL。轻轻混匀,离心。42 ℃孵育 2 ~ 5 min。

（3）加入 1 μL 反转录酶,在 42 ℃水浴中孵育 50 min。

（4）95 ℃加热 5 min,终止反应。

（5）将管插入冰中,加入 RNase H(核糖核酸酶 H)1 μL,37 ℃孵育 20 min,降解残留的 RNA。-20 ℃条件下保存备用。

## 2.2.2 变性梯度凝胶电泳

DGGE 仪器能够从 CBS Scientific Co.（Del Mar, USA）和 Bio-Rad 实验室（Hercules, USA）等公司购买。这些系统具有完整的、符合安全规定的操作规程,并且有故障排除的使用说明书。为了获得一个梯度凝胶,需要一个梯度形成仪和一个电磁搅拌器。本章将以 Bio-Rad 公司的 DCODE™(Cat. No. 170—9080)电泳系统进行描述。

**1. 试剂准备**

(1)100 mL 质量浓度为 400 g/L 的丙烯酰胺/甲叉(37.5/1):丙烯酰胺,38.93 g;甲叉–丙烯酰胺,1.07 g;dH₂O,100 mL。

(2)50×TAE 缓冲液:Tris 碱,242 g;冰乙酸,57.1 mL;0.5 mol/L EDTA、pH 值为 8.0,100 mL;加 dH₂O 到 1 000 mL。

(3)0% 变性剂溶液。

6% 胶:质量浓度为 400 g/L 的丙烯酰胺,15 mL;50× TAE 缓冲液,2 mL;dH₂O,83 mL。

8% 胶:质量浓度为 400 g/L 的丙烯酰胺,20 mL;50× TAE 缓冲液,2 mL;dH₂O,78 mL。

10% 胶:质量浓度为 400 g/L 的丙烯酰胺,25 mL;50× TAE 缓冲液,2 mL;dH₂O,73 mL。

12% 胶:质量浓度为 400 g/L 的丙烯酰胺,30 mL;50× TAE 缓冲液,2 mL;dH₂O,68 mL。

脱气 10~15 min,0.45 μm 过滤,放到棕色瓶中 4 ℃ 温度条件下储存,1 个月内用完。

(4)100% 变性剂溶液。

6% 胶:质量浓度为 400 g/L 的丙烯酰胺,15 mL;50× TAE 缓冲液,2 mL;去离子甲酰胺,40 mL;尿素,42 g;dH₂O 加到 100 mL。

8% 胶:质量浓度为 400 g/L 的丙烯酰胺,20 mL;50× TAE 缓冲液,2 mL;去离子甲酰胺,40 mL;尿素,42 g;dH₂O 加到 100 mL。

10% 胶:质量浓度为 400 g/L 的丙烯酰胺,25 mL;50× TAE 缓冲液,2 mL;去离子甲酰胺,40 mL;尿素,42 g;dH₂O 加到 100 mL。

12% 胶:质量浓度为 400 g/L 的丙烯酰胺,30 mL;50× TAE 缓冲液,2 mL;去离子甲酰胺,40 mL;尿素,42 g;dH₂O 加到 100 mL。

脱气 10~15 min,0.45 μm 过滤,放到棕色瓶中 4 ℃ 温度条件下储存,1 个月内用完。在使用前需要在热水浴中重新溶解。

(5)质量浓度为 100 g/L 的过硫酸铵:过硫酸铵,0.1 g;dH₂O,1.0 mL。−20 ℃ 储存,一周内用完。

(6)2×胶上样染料:质量浓度为 20 g/L 的溴酚蓝,0.25 mL;质量浓度为 20 g/L 的二甲苯蓝,0.25 mL;体积分数为 100% 的丙三醇,7.0 mL;dH₂O,2.5 mL;总体积为 10.0 mL。

(7)1×TAE 缓冲液:50× TAE 缓冲液,140 mL;dH₂O,6 860 mL;总体积,7 000 mL。

**2. 样品准备**

对 PCR 产物进行琼脂糖凝胶定量,准备适当量的 PCR 产物。

**3. 系统温度控制仪的设定**

(1)在电泳槽中装入适量新鲜配制的 1×TAE 缓冲液。

(2)把温度控制仪放在电泳槽顶部,接通电源线,打开蠕动泵和加热仪的电源开关。

（3）设置温度控制仪的温度，将温度升温速率设置为 200 ℃/h。

（4）预加热缓冲液至设定温度，此过程约需 1～1.5 h。也可以事先把缓冲液装在大烧杯中，在微波炉中加热以减少预热时间。

**4. 垂直变性梯度胶灌制（DGGE）**

组装前所有玻板和垫条要保持干净和干燥。组装时带好手套。

（1）把胶三明治放在干净的桌面上。组装好三明治结构，两端垫条上的洞置于上端。垫条上的凹口边缘相对放置。

（2）把三明治夹子上的螺丝逆时针旋转放松，夹住玻板边缘。

（3）抓紧三明治结构，把左右夹子夹到玻板边缘的正确位置。旋紧螺丝以固定玻板。

（4）把三明治结构放置于制胶台上。放松三明治夹子的螺丝，插入制胶卡片，使垫片水平于夹子。

（5）把两边的夹子同时向里推，使玻板和垫片对齐，同时用拇指把垫片推至底。旋紧螺丝，固定好三明治结构。

（6）取出制胶卡片。把三明治结构从制胶台上取下，检查玻板和垫片的底部是否平齐。如果不平齐，则要重新组装三明治结构；如果平齐，则旋紧螺丝直至有阻力感。

（7）把梳子放置于三明治垫片凹口处。制作 7.5 cm×10 cm 垂直胶时，把中间的垫条插入三明治结构中，使其处于梳子凹口中间。中间的垫条底部也应与玻板底部齐平。注意：16 cm×16 cm 胶的梳子是单孔的，不需要中间的垫条。

（8）检查梳子垫圈，确保梳子排气孔不被凝胶堵塞。软的梳子垫圈要平整地放置于梳子垫圈架中。

（9）把三明治结构垂直地放置于桌面上。把梳子垫圈架上的螺丝旋松到头。在螺丝上中间位置用记号笔做一箭头标记。使梳子垫圈螺丝和长玻板朝向自己，把梳子垫圈架放置于三明治顶部，正确放置梳子垫圈架，使其与两边垫片互补。旋紧螺丝，使其刚好接触玻板，然后再旋紧螺丝 1/4 圈。

（10）在螺丝彻底旋紧前，压力夹必须附在三明治结构上。旋松压力夹螺丝，在螺丝中间位置做标记。把压力夹放置在桌面上，使凹槽切面向上，夹子上螺丝朝向远离自己方向。

（11）翻转三明治结构，使梳子垫圈螺丝朝下，排气孔朝上。正确安装压力夹，使其在旋紧螺丝过程中梳子垫圈架的受力均匀。旋紧压力夹螺丝直至其接触到梳子垫圈架，然后再额外旋紧压力夹螺丝两圈。

（12）再旋紧梳子垫圈螺丝一圈。如果旋太紧，玻板可能破裂。检查梳子垫圈和垫片的密封性之后拿掉压力夹。

（13）把注射孔接头旋进三明治夹的孔中。不要旋得太紧，否则会损坏 O 型环引起漏液。把活塞插入注射孔中，确保其紧密性，否则会在灌胶过程中引起漏胶。

（14）把灰色的海绵放入前面的灌胶缝槽中，灌胶台上的凸轮向上。把三明治结构放置于海绵条上,短玻板朝前。放置好三明治结构后,把凸轮手柄放下使凸轮锁住三明治结构。

①7.5 cm×10 cm 双胶灌胶时,一次只能灌一块胶。灌胶时需要打开三明治结构通气孔上的活塞,另一块胶上三明治结构的通气孔需要堵上。

②16 cm×16 cm 胶灌注时,两个通气孔都要堵上。16 cm×16 cm 垫条是单向的,有凹槽的垫条位于右手边,较小、较短的垫条位于三明治结构的左手边。

(15)用倾斜杆把三明治结构及制胶台倾斜放置。灌制 7.5 cm×10 cm 胶时,调整倾斜杆的高度至杆的最高刻度线;灌制 16 cm×16 cm 胶时,把倾斜杆高度调制最低。

(16)使用 475 梯度形成仪灌制垂直梯度胶。具体如下:

①梯度形成仪结构图如图 2.1 所示:

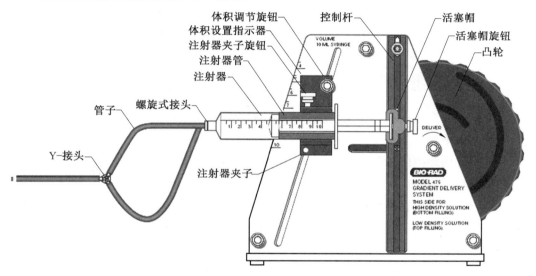

图 2.1　梯度形成仪结构图

②剪取三根聚乙烯管,其中两根长度为 15.5 cm,另一根长为 9 cm。将短的一根与Y–接头连接,两根长的与小套管连接,并连在 10 mL 或 30 mL 的注射器上。

③在两个注射器上分别标记"高浓度"与"低浓度"。把活塞头放置在活塞帽的中间并旋紧。把活塞插入针管。把针管推至针筒中间位置,针筒刻度朝外。确保两侧的针筒位于相同的水平位置。

④逆时针旋转凸轮至起始位置。为设置理想的传送体积,旋松体积调节旋钮。把体积设置显示器装置固定在注射器上并调整到目标体积设置,旋紧体积调整旋钮。如7.5 cm×10 cm 的胶(1 mm 厚),要把体积设置在 4.5 处。不同体积胶的体积设置请参见表 2.2。

⑤在试管或离心管中配制合适体积的高变性浓度和低变性浓度丙烯酰胺溶液。以下步骤对时间要求严格,需在 7～10 min 之内完成。

⑥在高变性浓度丙烯酰胺溶液中加入体积分数为 0.09% 终浓度的过硫酸铵和四甲基乙二胺(TEMED)。盖上盖子后颠倒数次混匀。用针筒从离心管中或试管中吸取所有

的溶液。低变性浓度丙烯酰胺的处理与高变性浓度丙烯酰胺的相同。

表2.2　不同胶的体积

| 垫片大小 | 凝胶大小 | 体积 | 每个注射器体积 | 调节后体积 |
|---|---|---|---|---|
| 0.75 mm | 7.5 cm×10 cm | 10 mL | 5.0 mL | 3.5 mL |
| | 16 cm×10 cm | 16 mL | 8.0 mL | 6.5 mL |
| | 16 cm×16 cm | 22 mL | 11.0 mL | 9.5 mL |
| 1.00 mm | 7.5 cm×10 cm | 12 mL | 6.0 mL | 4.5 mL |
| | 16 cm×10 cm | 22 ml | 11.0 ml | 9.5 mL |
| | 16 cm×16 cm | 32 mL | 16.0 mL | 14.5 mL |
| 1.50 mm | 7.5 cm×10 cm | 16 mL | 8.0 mL | 6.5 mL |
| | 16 cm×10 cm | 30 mL | 15.0 mL | 13.5 mL |
| | 16 cm×16 cm | 48 mL | 24.0 mL | 22.5 mL |

⑦推动注射器推动杆赶走气泡,把凝胶溶液推至针筒末端,不要把凝胶推出针筒以防配制的胶体积不够。

⑧分别正确地把低浓度和高浓度针筒放置在传送装置的两侧固定好。

⑨将与注射器相连的软管两端分别和Y-接头的两个头相连,把9 cm的软管一端与Y-接头相连,9 cm软管的另一端与三明治结构的活塞相连。确保活塞是打开的,三明治结构的通气孔是开放的。缓慢并平稳地旋转凸轮来输送凝胶溶液。

⑩凸轮旋到底时,把三明治结构的通气孔堵上,关上活塞。旋松倾斜杆旋钮,小心地把胶三明治放平。此操作对正确的制作垂直梯度胶极其重要。立即把软管从三明治装置的活塞上取下,迅速清洗用完的设备。

(17)胶聚合约60 min,拿掉梳子,进行电泳。

**5. 水平梯度变性胶灌制(DGGE)**

(1)灌制水平胶,推荐16 cm×16 cm的胶尺寸。水平胶使用普通垫条即可。组装前所有玻板和垫条要保持干净和干燥。组装时带好手套。

(2)把胶三明治平放在桌子上,把两块玻板及两边的垫条组装成三明治结构。

(3)逆时针旋松三明治夹的螺丝,按箭头方向把夹子放在三明治结构边缘。

(4)抓紧三明治结构。用夹子夹住玻板,旋紧螺丝。

(5)把三明治结构放置于制胶台槽中,短玻片朝前。旋松三明治夹,插入制胶卡片使垫片平行于夹子。

(6)把两边的夹子同时向里推,使玻板和垫片对齐,同时用拇指把垫片推至底。旋紧螺丝,固定好三明治结构。

(7)拿掉制胶卡,把三明治结构从制胶台上取下,检查玻板和垫片底部是否平齐。如果不平齐,重复上面步骤安装三明治结构。

(8)检查完毕后,旋紧夹子旋钮。

(9)用 475 梯度形成仪灌制水平梯度胶。具体方法如下:

①~⑥同"使用 475 梯度形成仪灌制垂直梯度胶过程"③~⑦步骤(2.2.2 节 4(16)中的③~⑦)。

⑦分别正确地把低浓度和高浓度针筒放置在传送装置的两侧固定好。将与注射器相连的软管两端分别和 Y-接头的两个头相连,把 9 cm 的软管一端与 Y-接头相连,另一端与一个规格为 19 的针头连接。把针头的斜面一边放置于胶三明治的顶部中间,针头可插入玻板之间。缓慢并平稳地旋转凸轮来输送凝胶溶液。

⑧小心地插入梳子至合适的高度。

⑨把软管从三明治装置的活塞上取下,迅速清洗用完的设备。

(10)胶聚合约 60 min,拿掉梳子,进行电泳。

**6. 电泳**

(1)把电泳芯平放在台子上。确保 U 型垫圈已在电泳芯上并检查其是否干净。

(2)在胶聚合后,把三明治结构取下,拿掉梳子。

(3)短玻板朝向电泳芯,以 20°角把胶三明治结构插入电泳芯上部。

(4)在插入三明治结构后,会听到咔嗒一声。短玻片的上缘会和 U 型垫圈的凹口切合。

(5)把电泳芯翻转至另一面时,重复上面步骤安装另一块胶三明治结构。如果只跑一块胶,则在另一面可安装一套无垫条的玻板。

(6)在上层缓冲液槽中加入 350 mL 缓冲液,并检查上层缓冲液槽的密封性。如果发现有漏液情况,则把缓冲液倒回烧杯,重新安装三明治结构到电泳芯上。

(7)电泳槽中装入 7 L 缓冲液。当缓冲液到达指定温度时,把电源关掉。

(8)把温度控制模块放在 Dcode 盖架上。把电泳芯和三明治结构放入缓冲液槽中,红色按钮朝向右手边,黑色按钮朝向左手边。把温度控制模块放在电泳槽上面。

(9)连接电源线,打开蠕动泵和加热器的电源。在电泳槽中加入缓冲液至 max 线。在上样前使系统达到设置温度,此过程约需 10~15 min。

(10)在 130 V 电压下运行,电压不超过 180 V。

(11)电泳结束后,关掉加热仪、泵和电源,使加热仪在缓冲液中冷却 1 min。

(12)把温度控制模块拿掉。

(13)将电泳芯和胶三明治结构放于桌上,取下三明治结构。

(14)旋松三明治夹的螺丝,把玻板小心地取下。

(15)把垫条拿下,并切下胶的一个角以区分两块胶。

(16)清洗 Dcode 各部件,把 Dcode 模块放置于 Dcode 台上,加入 500 mL 蒸馏水,使泵的进水口浸入水中,取一个空烧杯放在泵的出水口,打开泵使之运行 1~2 min 进行清洗。

（17）根据需要用不同方法对胶进行染色。

## 2.2.3　DGGE 凝胶的染色

为了看到聚丙烯酰胺凝胶中的 DNA，可以使用各种各样的染色方法，这些方法具有不同的仪器设备和检出限（表 2.3）。

**表 2.3　DNA 染色方法的仪器设备和检出限**

| 染色方法 | 光源 | 检出限（pg/每条双链 DNA） |
| --- | --- | --- |
| 溴化乙锭（EB）染色 | 302 nm | 1 000 |
| SYBR Green I 染色 | 254/302 nm | 60 |
| 银染色 | 白灯 | 5 |

### 1. 溴化乙锭染色

观察凝胶中核酸最常用的方法是利用荧光染料溴化乙锭（EB）进行染色。溴化乙锭是一种高度灵敏的荧光染色剂，通过插入碱基键而结合到双链 DNA 和 RNA 上，它与 DNA 的结合几乎没有碱基序列特异性。这种 DNA/溴化乙锭复合物在 302 nm 和 366 nm 处含有两个激发峰，被吸收的能量在可见光谱红橙区的 590 nm 处重新发射出来，呈现橙红色荧光。当凝胶中含有游离的溴化乙锭（0.5 μg/mL）时，可以检测到少至 10 ng 的 DNA 条带。

将凝胶浸没在溴化乙锭染料中，轻微摇动孵育 30 min；用水冲洗凝胶 10 min；用紫外灯在 302 nm 处照射凝胶，拍照。

溴化乙锭染料：1×TAE（pH 值为 8.3）中含有 0.5 μg/mL 的溴化乙锭。

### 2. SYBR Green I 染色

SYBR Green I 是高灵敏的 DNA 荧光染料，操作简单：无须脱色或冲洗。至少可检出 20 pg DNA，高于 EB 染色法 25～100 倍。SYBR Green I 与双链 DNA 结合荧光信号会增强 800～1 000 倍，用 SYBR Green I 染色的凝胶样品荧光信号强，背景信号低。这种染料激发光在 497 nm 和 254 nm 处，DNA/SYBR Green I 复合物的荧光发射光在 520 nm 处。

用 pH 值为 7.0～8.5 的缓冲液（如：TAE、TBE 或 TE），按照 10 000：1 的比例稀释 SYBR Green I 浓缩液，混匀，制成染色溶液。聚丙烯酰胺凝胶直接在玻璃平皿上染色，将配好的工作溶液轻轻地倒在胶板上，让工作液均匀地覆盖整个胶板，并染色 30 min。玻璃平皿必须预先经过硅烷化溶液处理（避免染料吸附在玻璃表面上），在 302 nm 处用紫外线照射凝胶，拍照。

### 3. 银染色

银染色是一种重要的 DNA 染色法。其原理是利用银离子可与核苷酸结合，在碱性环境下甲醛能使银离子还原从而使凝胶中的 DNA 得以显带。银染色在聚丙烯酰胺凝胶中检测核酸是非常敏感的,因此需要较少量的 PCR 产物用于 DGGE 分析。如果 PCR 产物被分析时没有预先纯化,在 PCR 反应混合物中含有较多数量的 BSA 就造成了一个黑暗的背景涂片。但银染色后,DNA 不宜在回收后进行印迹和底物杂交。

(1)溶液配制。

①固定液:乙醇 90 mL,冰醋酸 4.5 mL,定容至 900 mL(各组分含量:体积分数为 10% 的乙醇,体积分数为 0.5% 的冰醋酸)。

注:如果显影完后不进行终止显影,那么固定液可以回收使用。

②染色液:$AgNO_3$ 1.4 g,甲醛 600 μL,加入去离子水 700 mL,振荡混匀,甲醛在使用前加入。

每次使用需新鲜配制,在固定步骤快结束时配制即可。

③显影液:NaOH 9 g,甲醛 1 200 μL,加去离子水 600 mL。

显影液在配制时,可以先配成 NaOH 溶液放入 4 ℃ 冰箱贮存,待要用时取出再加入甲醛并混匀。预冷的显影液可以让条带显影更漂亮、清晰,但是显影速度会变慢一些。

(2)银染步骤。

①固定:将胶放入固定液中,摇床振荡 15 min。摇床速度无需很快,小档即可。

②银染:固定液中取出胶,去离子水快速清洗两次,固定液此时可回收。将胶放入配制好的染色液中,摇床振荡 20 min。尽量在通风橱中进行并避光。有时候胶会飘在水面导致染色结果不好,可调整摇床速度使染色液没过胶。

③显影:在染色液中将胶取出,去离子水快速清洗 1～2 次,尽量迅速。放入预冷过的显影液中显影,并马上迅速振荡容器,使胶周围的银离子扩散均匀,待溶液颜色均匀不变,摇床开小档振荡直至条带显色完全。

④终止显影:将胶取出清洗两次,放入固定液中,即可终止显影,但固定液不可回收。如果不需要保存胶的话,这一步可以省略。

⑤拍照:将胶放在白光透射仪上,轻轻抚去底下的气泡,铺平摆正胶,数码相机拍照。

注意:银染全程,手指不可碰到胶,尤其是染色显影这一段步骤,摸一下胶上就会留下手印。

## 2.2.4　变性梯度凝胶的转印

转印的过程是在半干条件下将聚丙烯酰胺凝胶中的 DNA 转移到尼龙膜上。转印是通过水平排列的电极板来完成的。凝胶和转移膜是被夹在缓冲液浸泡的滤纸片之间的,电极板提供较高的电场强度通过凝胶使 DNA 快速、有效地转移,我们以 Bio-Rad 实验室的 Trans-Blot SD 半干转印仪为例进行说明。

### 1. 溶液准备

(1)10×TBE:890 mmol/L Tris-HCl,890 mmol/L 硼酸,20 mmol/L EDTA,不用调整 pH 值。

（2）变性液：0.4 mol/L NaOH，0.6 mol/L NaCI。

（3）20×SSC.：3 mol/L NaCI，0.3 mol/L 柠檬酸钠，pH 值为 7.0。

**2. 实验过程**

准备好转印 0.5×TBE 缓冲液，把 DGGE 凝胶在缓冲液中平衡 20～60 min；剪好合适尺寸的转印膜，在缓冲液中浸泡 5～10 min；剪好合适尺寸的滤纸（2 张增厚滤纸或 4 张厚滤纸或 6 张薄滤纸）；在阳极平板上根据图 2.2 所示顺序做好转印三明治，注意不能有气泡。

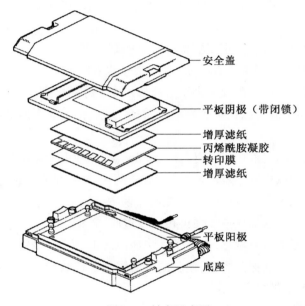

图 2.2 转印示意图

装好阴极平板，合上安全盖；接上合适的电泳仪开始转印，注意电极连接，推荐小胶用 10 V 30 min 或 15 V 15 min，大胶用 25 V 30 min 或 15 V 60 min，注意大胶不要超过 25 V 电压和 3 mA/cm² 电流，小胶不要超过 5.5 mA/cm² 电流；关闭电泳仪，打开安全盖和阴极电极，取出转印膜；将转印膜在变性液中孵育 15 min；用 2.5×SSC 溶液冲洗转印膜 2 次，每次 10 min；用滤纸移除转印膜中多余的液体，将膜暴露在 302 nm 处紫外灯下 45 s，将 DNA 片段交联在膜上。该转印膜可用于杂交或者在 −20 ℃下保存在滤纸中用于以后的实验。

## 2.2.5 DGGE 样品和寡核苷酸探针的杂交分析

寡核苷酸探针需要一定的杂交条件与 DGGE 样品进行杂交。解链温度可用以下公式计算：

$$T_m = 4 \ ℃ \times (G+C) + 2 \ ℃ \times (A+T)$$

杂交通常是在低于 $T_m$ 值的 5～10 ℃条件下进行。经与目标核酸杂化后，被 DIG 标记的寡聚核苷酸探针结合有碱性磷酸酶的抗地高辛半抗原的抗体（Anti-DIG-AP），形成酶联抗体-半抗原复合物，再加入化学发光底物 CSPD（Boehringer Mannheim 公司的产品），使其与膜上的杂交探针所结合的抗体复合物充分反应，最后在 X 光片上曝光，以记录化学发光信号。以下按照 Boehringer Mannheim 公司提供的说明进行描述。

**1. 溶液准备**

（1）20×SSC：3 mol/L NaCI，0.3 mol/L 柠檬酸钠，pH 值为 7.0。

（2）缓冲液 1：0.1 mol/L 顺丁烯二酸，0.15 mol/L NaCI，pH 值为 7.5，用固体 NaOH 调整 pH 值，高压灭菌。

（3）缓冲液 2：用缓冲液 1 中按 1：10 的比例稀释 blocking 储备液，密封。

（4）缓冲液 3：0.1 mol/L Tris-HCI，0.1 mol/L NaCI，50 mmol/L MgCI$_2$，pH 值为 9.5。

（5）杂交溶液：5×SSC，质量浓度为 20 g/L 的 blocking 试剂，质量浓度为 1 g/L 的月桂酰肌氨酸，质量浓度为 0.2 g/L 的十二烷基磺酸钠（SDS）。

（6）洗涤缓冲液：用缓冲液 1 含有质量浓度为 3 g/L 的吐温 20。

（7）CSPD™ 溶液：在缓冲液 3 中含有 0.25 mmol/L CSPD 在 4 ℃ 温度下保存在黑暗瓶中，该溶液可重复使用。

**2. 实验过程**

用 2×SSC 溶液冲洗膜，与 25 mL 的杂交溶液在杂交温度下预杂交 4 h。将膜放入含有 100 pmol DIG 标记的寡核苷酸探针的 6 mL 杂交溶液中，在杂交温度下杂交一夜。用 50 mL 含有质量浓度为 1 g/L 的 SDS 的 2×SSC 溶液在杂交温度下清洗两次膜，每次大概 15 min，然后用 50 mL 含有质量浓度为 1 g/L 的 SDS 的 0.1×SSC 溶液清洗两次。用洗涤缓冲液冲洗膜。膜在 200 mL 的缓冲液 2 孵育 30 min。在含有 4 μL 抗 DIG-碱性磷酸酶标记的复合物的 40 mL 的缓冲液 2 中孵育 30 min。用 150 mL 的洗涤缓冲液冲洗 2 次，每次大概 15 min。用 50 mL 的缓冲液 3 平衡 5 min。在 30 mL CSPD 溶液中孵育膜 5 min。去除膜上多余的液体，并密封在一个塑料袋里。预孵育膜约 5 min，并将膜暴露在 X 射线下适当的时间。

## 2.2.6 从 DGGE 凝胶中回收 DNA

DGGE 分离的 PCR 产物可以被测序，为此需要从 DGGE 凝胶中回收 DNA 片段，再次扩增，纯化，然后进行测序。将从 DGGE 凝胶中回收的较小 DNA 片段（250 bp）的切胶条带置于 4 ℃ 下在无菌水中浸泡过夜。然而，含有更大尺寸（500 bp）的条带不能通过这种方法回收。为了分离这些条带，可以采用反复冻融法和玻璃珠法。

**1. 反复冻融法**

DGGE 电泳结束后，EB 染色，拍照，然后将菌群条带编号，并依次切胶回收，置于 1.5 mL 离心管。切下的胶块用无菌水冲洗 2～3 次，然后用钝吸头将胶块捣成碎屑。加入 20 μL 无菌水，–80 ℃ 冻 10 min，拿出立即放在 37 ℃ 水浴融 10 min，反复冻融处理 3 次，以充分释放胶中的 DNA。使用上清液作为模板 DNA，使用之前的引物再扩增。用 DGGE 分析再扩增的产物，检出它的序列同源性，并与最初的 PCR 产物相比以确定它在凝胶中的正确位置。

**2. 玻璃珠法**

使用一个剃须刀片切除经溴化乙锭或 SYBR Green I 染色的 DGGE 条带。将凝胶薄片转移到无菌的 1.5 mL 离心管中，添加 0.5 mL 的无菌水及同样体积的 1 mm 直径的无菌玻璃珠。在一个珠磨式研磨器中以最高的速度珠打凝胶薄片，分裂凝胶释放出 DNA。在 4 ℃ 条件下过夜培养。降低到较低的转速，使用上清液作为模板 DNA，使用之前的引物再扩增。用 DGGE 分析再扩增的产物，检出它的序列同源性，并与最初的 PCR 产物相比以确定它在凝胶中的正确位置。

# 2.3　PCR–DGGE 分析真菌群落

## 2.3.1　简介

真菌构成了微生物种群在生理和基因方面的多样性，它们对不同的生态系统功能是至关重要的，这些生态系统功能包括氮循环、病原菌活性、难降解有机物的降解、促进植物生长、外源化合物的转移等。我们对真菌在环境中的种群动态、群落结构，以及多样性方面目前还知之甚少。与许多其他微生物一样，只有很少的真菌群落多样性可以实验室培养[8]。许多真菌，尤其是活体营养物，如菌根真菌、专性寄生菌，用实验室的培养方法是很难培养出来的；通过形态学和生理生化特征对真菌进行鉴定是有局限的；通过培养方法对真菌的计数以及对其多样性的评价，由于不同的菌株在培养介质上其孢子萌发率和菌丝的生长速度不同而难以进行。另外，真菌个体的概念仍然不清晰，其菌落形成单位与其在环境中的生态影响没有很好地相关性。

为了避免上述问题，不依赖于菌体培养的 PCR 技术被用于真菌菌群结构和生态学研究中。尽管和分子生物学技术分析细菌群落相比，这个领域的研究仍处于初期阶段，但一系列的分子生态学技术近来已经被用于研究在不同环境中真菌的群落结构。大多数这些技术将含有特定扩增的真菌 rRNA 片段与群落分析手段，如 DGGE 或 TGGE 结合起来。在这一节中将用于真菌群落分析的一些技术进行简单的比较，提供两种标准的 PCR–DGGE 分析真菌群落结构的实验方法。第一种方法使用 Vainio 和 Hantula[9] 的设计来源于植物材料中真菌 18S rRNA 的引物。第二种方法通过测试在 SSU rRNA 和 LSU rRNA 之间的基因区域[10]，分析土壤中担子菌类的多样性，这是因为真菌通常包含内部转录间隔区（ITS）和 5.8S rRNA 基因。

## 2.3.2  真菌特定的 PCR 引物设计和群落分析

基本上,自然界存在的真菌(通常包括子囊菌类、担子菌类、接合菌纲、壶菌纲)可以利用基因工程的引物设计进行真菌群落结构分析[11]。微孢子菌类在真菌中的归属存在争论,本书真菌群落分析中将不包括这类菌。大多数基于扩增真菌的特异性 rRNA 片段的分析真菌群落结构的方法已经建立,这些真菌的特异性 rRNA 片段见表2.4。然而,对于一些真菌的远系分支,设计既可以覆盖真菌的整个范围又不包括非真菌序列的引物位点是很困难的。理想的真菌特定的引物设计应该是能够扩增来自所有真菌且仅来自真菌的目标标记物,这个目标标记物包括真菌种间特异性差别的变异序列和下游常规的共有序列。能够满足用于所有真菌 PCR-DGGE 分析的标准引物设计方法是非常困难的,目前没有一个理想的、单独的引物能够用于现有所有真菌群落的分析。和其他微生物群落结构分析一样,在研究中使用超过一个引物能够提供更大程度的可靠性。不同的引物设计进行扩增序列的优缺点见表2.4。因此研究人员必须考虑研究特异性和使用方法的局限性,选择引物要考虑研究体系的类型和种属间差别的水平。例如,在一个体系中已知真菌是主要的真核生物,这个体系并不需要分析完整的种属特异性,尤其是当条带识别已经通过序列分析或者杂交被证实。一般而言,不建议采用一种方法分析体系群落多样性,详细分析需要根据真菌中特定的系统发育群特性进行。

表 2.4  用于普通真菌群落分析的 PCR-DGGE 体系的比较[14]

| 引物对位置 | 真菌特异性 | 真菌覆盖度 | DGGE 质量 | 亲缘力 | 注释 |
|---|---|---|---|---|---|
| NS1GC/NS2+10<br>(17-583) | 差 | 很好 | 差 | 好 | 采用巢式 PCR,真菌非特异性,分辨率不是最佳的 |
| EF4/EF3 EF4/NS3GC<br>(195-573) | 很好 | 中等 | 好 | 中等 | 采用巢式 PCR,可能对子囊菌检测困难 |
| EF4/518rGC<br>(195-301) | 好 | 中等 | 好 | 差 | 巢式 PCR,非常短的片段 |
| NS26/518rGC<br>(305-581) | 差 | 好 | 好 | 好 | 巢式 PCR |
| NS2/fung5GC<br>(337-747) | 很好 | 差 | 好 | 好 | 会漏掉一些真菌分类群 |
| NS1/FR1GC<br>(17-1664) | 好 | 好 | 中等 | 好 | 非常好的分辨率 |
| EF390/FR1GC<br>(1317-1664) | 好 | 好 | 好 | 差 | 短片段,产生有限序列的变异 |
| NS1/GCfung<br>(20-368) | 好 | 失败 | 好 | 失败 | 直接 PCR |
| ITS1f/ITS4-GC | 好 | 好 | 好 | 很好 | 具有最大的分辨率,直接 PCR |

在真菌 PCR-DGGE 技术中引物设计另两个需要考虑的因素是序列水平的差异和扩增目的 DNA 区域的结构信息。虽然真菌具有很大的种群多样性(事实上远多于目前已知的细菌和古生菌),然而在 rRNA 基因标记中的基因多样性却相对有限。因此,总的 rRNA 基因或者它的一部分,可能不包括区别亲缘关系相对近的真菌的差异性基因片段或者在真菌的较低分类水平下不能有效地进行系统进化分析。例如小球腔菌属(*Leptosphaeria*)、壳针孢属(*Septoria*)和蛇孢腔菌属(*Ophiobolus*)具有很大的的形态和生理生化特征差异,但 18S rRNA 序列几乎是相同的(相似性>99.5%)[12]。为更好地分析真菌多样性,高度可变的核糖体内部转录间隔区(ITS)成为另一个选择[13]。内部转录间隔区(ITS)基因序列高度的变化可能出现变化很大的分析数据,对复杂的真菌群落多样性分析比较困难,同时在一个单种中的 rRNA 操纵子拷贝之间的序列改变可能导致对真菌群落多样性的过高估计。

根部真菌 18S rRNA 群落结构分析与基于 ITS 目标基因的土壤真菌群落结构分析是两种常用特异性的真菌群落结构分析方法。这两种方法均采用 DGGE 的分析手段。对于给定的实验材料,本节给出的实验过程已经是经过优化的,对于其他的样品类型,可能还需要进行一些必要的修改。

### 2.3.3 根部真菌 18S rRNA 群落结构分析

从根部提取的 DNA 是微生物、动植物遗体等的总 DNA,同时,腐殖物质的性质与 DNA 很相似,DNA 提取过程中会将腐殖等物质一起纯化,采用传统的 DNA 提取方法来除去腐殖物质等抑制因子是十分困难的。而这些腐殖物质会抑制聚合酶链式反应(PCR)及限制性酶切等。因而,提取 DNA,腐殖物质等抑制因子的除去干净是重中之重。广州捷倍斯生物科技有限公司根据腐殖物质等特点,发明了高效的腐殖酸吸附剂,再与硅胶柱纯化技术结合,开发出了高效土壤 DNA 提取试剂盒(Soil DNA Kit),已为广大客户所采用,完全能够替代价格昂贵的进口产品。试剂盒组成见表2.5。

(1)在提取之前,材料存储在-80 ℃温度下(注意:新鲜的材料也可以使用,但要确保没有太多的水分,否则在步骤(2)中将形成冰,可能妨碍磨碎)。

(2)在液氮的条件下研磨根(注意:避免样品之间的污染)。如果使用少量的植物材料(见第(3)步),可以使用微研杵在微型离心机管压碎材料。

(3)将 0.25 g 磨碎的材料添加到 2 mL 管中,可以使用更少的材料,最少的量为 0.05 g,如果需要大量的 DNA,样品数量可以增加到 1 g。样品加入悬浮缓冲液 Buffer C1,并加入玻璃珠与专利的腐殖酸吸附剂 Buffer C2,涡旋使土壤充分重悬,腐殖物质充分释放,让吸附剂有效吸附腐殖酸。再加入高效的裂解液 Buffer C3 并涡旋在玻璃珠的摩擦作用下,裂解土壤中的所有生物包括 G+细菌、酵母菌、真菌、藻类、线虫甚至真细菌的孢子、芽孢、动植物遗体等,游离 DNA。之后,再加入沉淀剂 Buffer C4,离心沉淀除去土壤残渣、吸附有腐殖酸的吸附剂、多糖多酚、绝大部分的色素等,获得清亮的、含有 DNA 的上清液,在上清液中加入异丙醇沉淀获得 DNA 粗品。粗品中加入 $dH_2O$ 溶解后，再加入 Buffer C5 离心进一步除去腐殖酸等杂质，获得上清液，往上清液中加入乙醇后转移到硅胶纯化柱中过柱吸附 DNA，除去杂质。再加入漂洗液 Buffer WB 离心进一步除去蛋白质、腐殖酸等杂质，加入漂洗液（DNA Wash Buffer）除去盐分等。干燥柱子后加入灭菌去离子水后，离心获得高纯的 DNA。

（4）DNA 存储在-20 ℃条件下。

**表 2.5　试剂盒组成**

| 产品编号 | D8101 | D8105 | D8106 |
|---|---|---|---|
| 次数 | 5 | 50 | 100 |
| 纯化柱子 | 5 | 50 | 100 |
| 收集管 | 5 | 50 | 100 |
| Buffer C1 | 4 mL | 39 mL | 80 mL |
| Buffer C2 | 700 μL | 6 mL | 12 mL |
| Buffer C3 | 700 μL | 6 mL | 12 mL |
| Buffer C4 | 700 μL | 10 mL | 16 mL |
| Buffer C5 | 2 mL | 20 mL | 37 mL |
| Glass Beads | 2 g | 20 g | 40 g |
| Buffer WB | 3 mL | 30 mL | 55 mL |
| DNA Wash Buffer | 2 mL | 20 mL | 2×20 mL |
| 说明书 | 1 | 1 | 1 |

### 2.3.4　基于 ITS 目标基因的土壤真菌群落结构分析

在放线菌的菌种鉴定中，18S 和 28S rRNA 基因的 3′和 5′末端的保守序列分别为特定的引物提供了良好的靶位点。这两个基因之间的区域，通常包含 ITS1、5.8SRRNA 和 ITS2 基因。以下实验过程针对土壤 DNA 提取进行了优化，如果与其他核酸提取程序相结合或用于其他类型的环境样品，则需要稍作修改。

**1. 土壤 DNA 的提取**

使用土壤 DNA 提取试剂盒进行土壤 DNA 的提取。一般使用 0.2～0.5 g 新收集的土壤，按照试剂盒说明进行操作。在 DNA 提取过程后，将装有 DNA 的提取管在 5.5 kr/pm 离心 30 s，使用 50 μL 加热到 70 ℃的超纯水洗脱。

**2. ITS 区的扩增和 DGGE**

由于含有高浓度的腐殖酸，从森林土壤中扩增担子菌 DNA 是比较困难的。在扩增前将提取的 DNA 稀释 10～50 倍，可以减轻来自于共提取污染物引起的 DNA 聚合酶的抑制。具体过程如下：

（1）制备样品和对照的 50 μL 混合物如下：8 μL 10 ×PCR 缓冲液，5 μL dNTP 混合液，2 μL 10 pmoL ITS1f 引物，2 μL 10 pmol ITS4B－GC 引物，0.5 μL 1U DNA 聚合酶，32.5 μL PCR 水。

（2）将上述 49 μL 混合物加入到 0.2 mL 的 PCR 管中。

（3）加入 1 μL 提取的 DNA。

（4）PCR 程序为：94 ℃ 3 min；94 ℃ 1 min，48 ℃ 1 min，72 ℃ 1 min，40 个循环；72 ℃ 10 min，4 ℃ 保存。

（5）制备变性剂浓度梯度（体积分数）为 20 % ~60 % DGGE 凝胶（详情见 2.2.2 节）。

（6）80 V 运行 16 h。

（7）凝胶 EB 染色 30 min。

# 参 考 文 献

［1］CHENG T Y, LIU G H. PCR denaturing gradient gel electrophoresis as a useful method to identify of intestinal bacteria flora in Haemaphysalis flava ticks ［J］. Acta Parasitologica, 2017, 62：269-272.

［2］HUANG W C, TSAI H C, TAO C W. Approach to determine the diversity of Legionella species by nested PCR－DGGE in aquatic environments ［J］. Plos One, 2017, 12(2):2-6.

［3］MUYZER G, DE WAAL E C, UITTERLINDEN A G. Profiling of complex microbial populations by denaturing gradient gel electrophoresis analysis of polymerase chain reaction－amplified genes encoding for 16S rRNA ［J］. Appl Environ Microbiol, 1993, 59：695-700.

［4］FELSKE A, ENGELEN B, NUBEL U, et al. Direct ribosomel isolation from soil to extract bacterial rRNA for community analysis ［J］. Appl Environ Microbiol, 1996, 62：4162-4167.

［5］FERRIS M J, MUYZER G, WARD D M. Denaturing gradient gel electrophoresis profiles of 16S rRNA-defined populations inhabiting a hot spring microbial mat community ［J］. Appl Environ Microbiol, 1996, 62：340-346.

［6］DONNER G, SCHWARZ K, HOPPE H G, et al. Profiling the succession of bacterial populations in pelagic chemoclines ［J］. Arch Hydrobiol Spec Issues Advanc Limnol, 1996, 48：7-14.

［7］MYERS R M, FISHER S G, LERMAN L S. Nearly all single base substitutions in DNA fragments joined to a GC-clamp can be detected by denaturing gradient gel electrophoresis ［J］. Nucleic Acids Research, 1985, 13(9) ：3131-3145.

［8］ GIESEKE A, PURKHOLD U, WAGNER M, et al. Community structure and activity dynamics of nitrifying bacteria in a phosphate-removing biofilm ［J］. Appl Environ Microbiol, 2001,67: 1351-1362.

［9］ VAINIO E J, HANTULA J. Direct analysis of wood-inhabiting fungi using denaturing gradient gel electrophoresis of amplified ribosomal DNA ［J］. Mycological Research,2000, 104: 927-936.

［10］ GARDES M, BRUNS T D. ITS primers with enhanced specificity for basidiomycetes application to the identification of mycorrhiza and rusts ［J］. Molecular Ecology,1993,2: 113-118.

［11］ WILMOTTE A, VAN DER PEER Y, GORIS A. Evolutionary relationships among higher fungi inferred from small ribosomal subunit RNA sequence analysis ［J］. Syst Appl Microbiol,1993,16: 436-444.

［12］ BERBEE M L. Loculoascomycete origins and evolution of filamentous ascomycete morphology based on 18S rRNA gene sequence data ［J］. Molecular Biology and Evolution, 1996,13: 462-470.

［13］ BUCHAN A, NEWELL S Y, MORETA J I L, et al. Analysis of internal transcribed spacer (ITS) regions of rRNA genes in fungal communities in a southeastern U. S. ［J］ Salt Marsh. Microbial Ecology,2002,43: 329-340.

［14］ BRUIJN. Molecular microbial ecology manual ［J］. Kluwer Academic Publishers, 2004, 1 (1995) :1321-1560.

# 第3章 微生物群落的末端限制性片段长度多态性分析(T−RFLP)

对微生物生态学来说,微生物群落结构分析是一项重要工作。在过去的二十多年里,该方面的研究取得了很多进展。首先,连贯的微生物系统发育进化过程提供了分析微生物群落结构的合理方式。其次,分子生物学技术应用于微生物生态学,减少了我们对微生物培养的依赖,揭示了原核生物和低等真核生物之间的巨大差异。最后,基因组学和高通量测序技术让我们对微生物群落的分析更加深入,有助于我们了解微生物种群结构及其适用的分析方法。

末端限制性片段长度多态性分析技术(T−RFLP)是根据保守区设计通用引物,其中一个引物的5′末端用荧光物质标记,常用荧光物质有 HEX、TET、6−FAM 等。提取待分析样中的 DNA,以它为模板进行 PCR 扩增,所得到的 PCR 产物的一段就带有这种荧光标记,然后将 PCR 产物用合适的限制性内切酶进行消化,一般选用酶切位点为 4 bp 的限制性内切酶。由于在不同细菌的扩增片段内存在核苷酸序列的差异,酶切位点就会存在差异,酶切后就会产生很多不同长度的限制性片段。消化产物用自动测序仪进行测定,只有末端带有荧光性标记的片段能被检测到。因为不同长度的末端限制性片段必然代表不同的细菌,通过检测这些末端标记的片段就可以反应微生物群落组成情况。这种方法还可以进行定量分析,在基因扫描图谱上,每个峰面积占总峰面积的百分数代表这个末端限制性片段的相对数量,即末端限制性片段的数量越大,其所对应的面积越大。该方法已用于饮用水运输管路生物膜[1]、污染土壤[2]、宿主肠道[3]、海洋浮游生物[4]、海洋沉积物、湖泊沉积物[5]及废水处理[6]等微生物群落的分析。

## 3.1 实验过程

T−RFLP 技术的突出优点是可以针对样品和栖息地之间进行微生物群落结构的比较分析。主要实验过程包括:①DNA 的提取;②所有组分的 PCR 反应;③引物序列的设计;④限制性内切酶切反应;⑤装载到凝胶或毛细管上的荧光材料的定量;⑥图表的排列和数据的统计分析。

该过程的详细步骤如下。

### 3.1.1 群落 DNA 的分离

关于微生物群落 DNA 提取的研究成果很多,包括本书第 1 章中的内容。所有 DNA

提取的过程都包括以下步骤;

(1)从底物(土壤或沉积物)中分离微生物细胞后溶解细胞和提取 DNA,或直接在原位提取微生物细胞 DNA,从底质(土壤或沉积物等)中除去细胞。前者称为间接提取,后者为直接提取。

(2)用化学或物理方法溶解或裂解微生物细胞;或两个方法都用。

(3)用变性剂和相分离(SDS 与苯酚)或用变性剂和特异性靶结合 DNA 的吸附物质从破碎的细胞中提取 DNA。

提取 DNA 的实验过程取决于微生物群落特性和要研究的底物性质。例如底物若含有高含量腐殖质,需要从底物中分离微生物细胞后提取 DNA,许多腐殖质抑制酶会在提取过程中被去除。在 DNA 纯化过程中,采用特异的或专有的物质从含有腐殖质的杂质中分离 DNA 是有效的实验方法,该方法采用二次或三次 DNA 纯化,可以很好地节省实验时间(例如 FastDNA$^{TM}$SPIN 和 MoBio$^{TM}$UltraClean 土壤 DNA 提取试剂盒)。由于不同的微生物种群产生不同的 DNA 提取效率,因此采用不同的群落 DNA 提取方法,会得到不同的种群图谱。例如,比较三个不同的提取方法,当所有其他变量保持不变时,发现 T-RFLP 图谱存在高达 5% 的差异。因此,T-RFLP 实验过程和方法的标准化是很重要的。

提取的群落 DNA 可以反复使用。然而,一些研究者报道,稀释的水溶液中 DNA 在 $-20\ ℃$ 条件下储存,存在降解或"消失"现象。有些人认为,DNA 可能吸附在管壁上面。可以通过在乙醇中以沉淀形式保存 DNA 来避免这个问题。将试样等分、混合,等分试样进行离心分离,将沉淀再溶于小体积的无菌水中用于分析。在某些情况下,加入非离子型洗涤剂,如诺乃洗涤剂 Nonidet P40(质量浓度为 0.5 g/L),有助于 DNA 的回收。

### 3.1.2　选择引物

对于任何基于 PCR 的检测,引物的选择是至关重要的。大多数使用 T-RFLP 技术来分析微生物群落时都使用了分类进化分子标志,特别是 16S/18S rRNA 基因,其他标志物包括与生理有关的靶基因。T-RFLP 的一个优点是在一定程度上可引入引物的简并性。由于最终大小取决于片段的长度,T-RFLP 引物的简并性不会导致 DGGE 技术中出现多个频带的情况。因此,包含大量目的基因信息的简并引物,能够获得一个扩增的微生物群落种属的最大差异性。采用一系列的扩增条件对选择的特异性引物进行测试,以确保其特异性,可以通过带有温度梯度模块的热循环设备 PCR 来实现。

常见的真菌引物为 ITS1F、ITS4R,古生菌引物为 Ar3f、Ar927r,细菌引物为 27F、8F、63F、7F、1492R、1510R 等。通常引物可以在 5′末端用荧光染料标记,以保证 PCR 反应和后续分析的准确性。荧光一般标记在 27F、8F、63F 引物的 5′端,其中 27F 和 8F 最为常用。目前常用的荧光物质有 6-羧基荧光素、NED、Cy5、D4 荧光素等。T-RFLP 技术一般用引物扩增细菌片段 16S rRNA 和 16S rDNA,真菌的扩增片段是 ITS 序列,古生菌为 16S rRNA。

### 3.1.3　PCR 扩增

模板 DNA 的 PCR 扩增包括多个步骤。一般来说,先由没有荧光标记的引物对新模板 DNA 进行扩增,形成只有一个条带的扩增产物(在质量浓度为 10 g/L 的琼脂糖凝胶中测定)。如果要得到环境样品中的各种微生物目的 DNA 片段的差异扩增,就需要对 PCR 条件进行调整。在大多数情况下,调节添加剂(质量浓度为 30 ~ 50 g/L 的乙酰胺)的强度,增加退火温度,或调节 $Mg^{2+}$ 浓度会提高 PCR 反应的特异性。此外,热启动或降落 PCR 可以提高特异性和防止不需要的产物的形成。一旦建立得到单独的非连续产物的扩增条件,就可以使用标记荧光的引物进行 PCR 反应。标准方法是进行 2 个或 3 个 100 μL 的标记 PCR 扩增样品的分析。有效的 PCR 扩增可以为 5 ~ 10 个的限制性内切酶分析提供足够的样品。这些 PCR 产物在纯化步骤之前进行混合。在标记反应和随后的所有步骤中,应注意不要让荧光染料标记的产物过分暴露在直射光下,因为光漂白可以减少标记信号。为限制 PCR 扩增杂质产物,PCR 循环数量应保持在最低限度,并且通常不超过 30 个。

### 3.1.4　PCR 产物的纯化

一些 PCR 扩增产物可能不利于后续步骤的分析。因此,要纯化 PCR 产物,可以通过市售的 PCR 纯化试剂盒来除去蛋白质和寡核苷酸从而实现纯化。

### 3.1.5　限制性内切酶和消化酶的选择

一般情况下,大于 1 000 bp 的 PCR 产物可以提供 4 ~ 5 个酶切识别位点(RFLP 和 T-RFLP分析技术中经常使用)。沿靶向序列长度分布的限制性位点的存在可能性需要重点考虑。T-RFLP 分析的一个主要目的是为一个给定的系统发育标记物(如 16S rRNA 基因)迅速检测尽可能多的系统发育型。因此,引物-酶复合体产生了大量的在目前数据库中存在的特异性片段进行微生物群落的多样性估计。

不同核酸限制性内切酶种类对 T-RFLP 图谱会产生显著的影响,研究表明,分析细菌 16S rDNA 多态性时,HhaI、RsaI 及 B stUI 这 3 种限制性内切酶最为有效,可产生数量最多的末端限制性片段。引物不同,同一种酶切后 T-RFs 变化较大;引物一定,选择不同的内切酶,产生的 T-RFs 数目也有显著的差别。不同限制性内切酶可以引入程度不同的"假带"(Pseudo-T-RFs)。所以,不应该简单地认为能够产生数量最多的末端限制性片段的酶就是最优的。因此在 T-RFLP 分析时也应注意限制性内切酶的优化选择[7]。由于一些系统分类组含有的第一个酶切识别位点离标记的末端太远。片段大小大于700 bp (凝胶)或 900 bp(毛细血管)就超出了目前使用标记片段的精确测定尺寸范围。因此,为了检测所有存在于种群的潜在系统分类组,推荐同时使用正向和反向标记引物。

### 3.1.6　限制性酶切

尽管在大多数实验室中,限制性酶切是常规程序,但仍然必须仔细操作,保证酶切完全。酶切按照供应商的使用说明进行,避免整夜或在不正常的离子条件下进行。这些限制条件可确保仅生成唯一的、正确的限制性片段。如果空白对照组检测到"假带",还要采用另外的预防措施。在孵育后,通过加热将酶灭活,在电泳前于-20 ℃条件下储存。如果下一步骤是凝胶电泳,酶切产物可以被直接装载到有变性剂和标记物的凝胶上;如果下一步骤是毛细管电泳,酶切产物需要先脱盐处理。

### 3.1.7　限制性片段的分离

末端片段通过变性凝胶或毛细管电泳分离。

### 3.1.8　片段大小

使用带有标准样品的尺寸凝胶/毛细管自动化设备能够保证测得的片段大小的准确性。一般情况下,由供应商提供的软件包括基于标准样品片段相对大小的电泳迁移率计算片段大小的算法。尺寸标准有很多,如 GeneScan™尺寸标准( ABI )、GeneFlo™ DNA 梯度( Chimerx )和 MegaBACE™ET 尺寸标准( Amersham Biosciences )。

## 3.2　微生物种群的比较分析

电泳后,将结果存储在包含该列扫描数据和图形显示的(电泳)文件中。不同的实验设备提取的数据是不同的。在 ABI 系统下,无论是 GeneScan™或 Genotyper™软件都可用于提取扫描数据,并转化为电子表格形式。Genotyper™软件可以实现许多配置文件一次处理,允许用户调整设置的荧光阈值的检测值和控制片段大小的偏差。结果包含种群信息的电子表格,包括每个检测到的片段的大小、峰高、峰面积。如果片段的大小是比对的唯一变量,电泳结果异常将导致比对错误。在相同的电泳运行环境下,一般表现为 2~4 个碱基的转换。目前,我们唯一的检测方法是用电泳图像对比。

把 T-RFLP 数据转换为电子表格形式后,可以使用多种方法进行数据的进一步分析,如系统发育和基因芯片数据分析。分析的初始步骤应该是对电泳图片进行比对,包括把片段按大小分类,确定片段类型。当凝胶和毛细管电泳都检测到错误时,其中在一个泳道/毛细管中的一系列片段大小跟在其他泳道/毛细管中检测到的会不一样。这种类型的误差只能通过某类型片段的局部变化比较检测。完成电泳图谱比对后,就可以对数据进行如下分析了。

### 3.2.1　相似性估计

把 ABI 公司的 GeneScan™软件导出的表格数据带入具有 T-RFLP 分析功能的 RDP 模块进行种群之间的相似性的粗略估计。该程序基于种群之间片段的相对分布来计算整体相似度。如果片段是在给定的某一尺寸范围内,那么它们被认为是"相似的"。该程序的输出为 HTML 或文本格式的相似矩阵。

### 3.2.2　聚类分析方法

聚类分析方法,如 UPGMA、近邻连接法、简约法和最大似然法已被用于 T-RFLP 图谱分析。在数据排列之后,数据被变换成一个表示片段的存在或不存在的二进制数据库,在 PAUP 或 PHYLIP 中实现可用诸如距离方法( UPGMA 或近邻连接法)或字符为基础的方法(简约法或最大似然法)进行分析。

### 3.2.3　主成分分析

主成分分析是数据集合重要的统计分析方法,已被应用到 RFLP、T-RFLP 和数列数据集中。

### 3.2.4　Arlequin

Arlequin 是一套专门用来处理分子生物学的数据分析方法(例如 RFLP),以及传统的种群数据(多位点分析)的统计分析。

### 5. 系统发育分析

适用于 SSU rRNA( 包括 16S rDNA)基因的 T-RFLP 分析方法的优点在于,研究者可以把他/她的数据与不断增长的数据库序列进行比较。目前已经推出了一个名为 TAP-TRFLP[8] 程序,该程序使用用户指定的引物和限制性内切酶来确定在 16S rRNA 基因序列数据库中的所有序列的末端片段大小。同样,由 Michel 和 Sciarini 开发的基于 Windows 的程序 FRAGSORT,允许 GeneScan™ 数据与从 RDP 数据库核心数据进行比较。该输出可以根据进化层次结构或末端片段的大小来排序。因此,研究人员可以在实验设计中使用该程序,以确定哪些酶可能在跟踪某个特定进化组或者在 T-RFLP 数据的分析中是最佳的,从而推断出什么进化群体可能在片段谱系做出贡献。此外,Kent 等人把种群衍生末端片段与已知的 16S rRNA 基因数据库[9] 做了一个比较,开发出一种基于网络的程序。

## 3.3　操作步骤

获得良好质量的微生物种群 DNA 后,进行如下操作。

### 3.3.1　PCR 扩增

对于土壤样品中的 16S rRNA 基因的 PCR 扩增,推荐使用下面的实验流程。PCR 反应都需先进行小体积(25 ~ 50 μL)与未标记的引物预实验。PCR 产物采用琼脂糖凝胶电泳进行检测,预实验成功的反应按比例扩大为有荧光标记的引物的 100 μL PCR 反应(每个样品 2 ~ 3 次反应)。

预先在清洁的无菌室准备 50 μL 反应试剂混合物,以降低污染的风险。每个混合物含有 50 μL 反应体积,具体如下:

① 5 μL 10×PCR buffer 缓冲液。

② 5 μL dNTP 混合液(2mmol/L)。

③ 1 μL 27F 引物 (10 μmol/L)。

④ 1 μL 1492R 或者 1392R 引物(10 μmol/L)。

⑤ 0.5 μL Taq 酶 (10 U/μL)。

⑥ 5 μL DNA 模板(50 ng/μL~1μg/μL)。

⑦ 加 ddH$_2$O 至 50 μL。

PCR 扩增反应在一个可编程的热循环仪中进行。以下扩增条件适用于 16S rRNA 目的基因特异性扩增:94 ℃,5 min;94 ℃,40 s;55~57 ℃,30 s;72 ℃,1.5 min;循环 25~30 次;72 ℃,10 min;4 ℃保存。

### 3.3.2　质量浓度为 10 g/L 的琼脂糖凝胶分析 PCR 产物

用荧光标记的引物(5-六氯荧光素或 6-羧基荧光素)重复 PCR 扩增,每个样品做 2~3 个 100 μL 的 PCR 反应,用琼脂糖凝胶电泳检测 PCR 产物。

把每个样品大规模扩增(3×100 μL)的 PCR 产物合并,并用 QIAquick PCR 纯化试剂盒(QIAGEN 公司,巴伦西亚,CA)纯化,洗脱的 DNA(最终体积 50~100 μL,取决于洗脱体积)经分光光度计测定其浓度。

### 3.3.3　酶切和电泳

酶切反应在 15 μL 体系中进行,在试管中加入如下成分:200~400 ng 标记 DNA、10 单位的限制性内切酶、1.5 μL 10 ×限制内切酶缓冲液,加水到 15 μL。在限制性内切酶的最佳温度混匀试剂和孵育反应管。按厂商推荐的温度和时间进行,以确保完全酶解。加热到 75 ℃,维持 20 min,结束反应。

酶切消化产物可直接加载到带有标准分子量尺寸标记的变性聚丙烯酰胺凝胶上。在质量浓度为 60 g/L 的变性聚丙烯酰胺凝胶中,在 2 500 V 和 40 mA 条件下,一个典型的电泳可持续运行 4~16 h。

对于毛细管电泳,酶切消化产物需要脱盐。脱盐可以通过 Microcon 柱(Amicon)浓缩, Qiaquick 核苷酸去除试剂盒(Qiagen)或常规乙醇沉淀来实现。在用 Microcon™ 柱(Millipore 公司)浓缩和脱盐之前,酶切消化产物用无菌去离子水稀释至 500 μL。由于样品之间回收效率不一样,脱盐后的 DNA 样品需要进行定量分析。带有标准分子量大小的标记的变性样品装载到 36 cm 毛细管(POP4 聚合物)上,在 ABI3100 毛细管电泳系统中 50 kV 运行 2 h。

## 3.4　实验说明

　　T-RFLP 的技术优点是它能够在大量样本中经济地检测限制性片段的多样性。这使得研究者可以跨越相关生态梯度进一步进行系统发育或生理多样性的合理、详细的调查。这样研究者可以识别群体的存在/活性与上述梯度的关系。由于该实验具有实验技术难度，因此实验和技术的可重复是必需的。从群落 DNA 的提取到末端片段的分离，每个生境或样品都应该是可重复的。PCR 扩增和片段分离步骤都应该进行技术重复。实验控制应包括 PCR 产物的完全酶切和 PCR 扩增假产物的检查。前者可以通过扩增带有已知靶序列的细菌或克隆和实验样品来完成。如果这个控制样与样品中不同的荧光标记的引物标记并扩增，PCR 产物可以在相同的管被混合和酶解，就可以说明来源于微生物种群的 PCR 产物被完全酶切消化。因为荧光检测系统的灵敏度高，在自动化系统上显而易见的频带可能在标准琼脂糖凝胶中检测不到，所以需要进行控制。最后，一旦电泳已完成，该数据要进行评估，以确保在凝胶泳道或毛细管中的荧光负载是大致相同的。这可能会导致在数据的对比分析中产生问题。如果误差大于 2 倍，可能产生相对比较群落分析无信息的图谱。数据分析的预处理如标准化，已经作为一种减少荧光负载差异的手段，但在某些情况下，有价值的数据可能会因此丢失。对 T-RFLP 数据的分析中，这些序列可以为实验者在新的实验设计中提供引导信息，旨在测试关于某些进化基团的存在（或不存在）特定的假设。

　　T-RFLP 可以对微生物种群的结构和功能提供经济的检测方法。通过引入针对系统发育种群及关键生理活动的两种广义和狭义的引物，单个样品可以产生数千个片段，有比较丰富详细的数据来比较种群。新技术，如利用微阵列技术会增加我们了解微生物群落的结构和功能的深度。

# 参 考 文 献

[1] FISH K, OSBORN A M, BOXALL J B. Biofilm structures (EPS and bacterial communities) in drinking water distribution systems are conditioned by hydraulics and influence discolouration [J]. Science of the Total Environment,2017,593-594.

[2] ABDUL W M, MATTHEW J, DICKINSON, et al. The response of soil microbial diversity and abundance to long-term application of biosolids [J]. Environmental Pollution,2017, 224:16-25.

[3] HAUKE K, PAUL S H. Socially transmitted gut microbiota protect bumble bees against an intestinal parasite [J]. Proceedings of the National Academy of Sciences of the Eunited States of America,2011, 29:19288-19292 .

［4］MOESENEDER M M, ARRIETA J M, MUYZER G. Optimization of terminal-restriction fragment length polymorphism analysis for complex marine bacterioplankton communities and comparison with denaturing gradient gel electrophoresis ［J］. Appl Environ Microbiol, 1999,65:3518-3525.

［5］KONSTANTINIDIS K T, ISAACA N, FETT J, et al. Microbial diversity and resistance to copper in metal-contaminated lake sediment ［J］. Microbial Ecol,2003,45:191-202.

［6］MARSH T L, LIU W T, FORNEY L J, et al. Beginning a molecular analysis of the eukaryal community in activated sludge ［J］. Water Science & Technology,1998,37:455-460.

［7］余素林,吴晓磊,钱易. 环境微生物群落分析的 T-RFLP 技术及其优化措施 ［J］, 应用与环境生物学报. 2006, 12(6):861-868.

［8］MARSH T L, SAXMAN P, COLE J. Terminal restriction fragment length polymorphism analysis program, a web-based research tool for microbial community analysis ［J］. Appl Environ Microbiol,2000,66:3616-3620.

［9］KENT A D, SMITH D J, BENSON B J, et al. Web-based phylogenetic assignment tool for analysis of terminal restriction fragment length polymorphism profiles of microbial communities ［J］. Appl Environ Microbiol,2003,69:6768-6776.

# 第4章 脉冲场凝胶电泳

通过脉冲场凝胶电泳(PFGE)进行细菌基因组 DNA 的限制性图谱分析是一种很有用的技术,已经被用于种水平及以下的细菌多样性的研究。它通过带有稀有酶切位点的限制性内切酶产生的基因组图谱,来区分亲缘关系很近的生物体。PFGE 技术对传统的琼脂糖凝胶电泳不能进行有效分离的大于 20 KB DNA 片段进行差异性分析。PFGE 分型技术因其重复性好、分辨力强,被誉为微生物分子分型技术的金标准,并被推荐作为金黄色葡萄球菌等病原微生物分型的标准技术。目前,美国 PulseNet 已创建病原菌 PFGE 图谱数据库,通过与数据库中病原菌 PFGE 图谱的比较,可以判断菌株间染色体 DNA 的相似程度。

## 4.1 PFGE 的原理

通常的琼脂糖凝胶电泳利用双链 DNA 分子在电场作用下,在凝胶中的迁移率不同而达到分离的目的。当双链 DNA 分子超过一定的大小以后,DNA 双螺旋的半径超过了凝胶的孔径,在琼脂糖中的电泳速度会达到极限,此时凝胶不能按照分子大小来筛分 DNA。此时的 DNA 在凝胶中的运动,是像通过弯管一样,以其一端指向电场的一极而通过凝胶。这样的迁移模式被形象地称为"爬行"。琼脂糖凝胶能分辨的 DNA 分子的大小和凝胶孔径相关。低浓度(体积分数<0.2%)的凝胶可以分辨不大于 750 kb 的 DNA 分子,但相对而言,这样的凝胶本身很脆弱,而且需要的电泳时间极长。对于超过 750 kb 的样品,常用的电泳方法就无能为力了。

1984 年,Schwartz 和 Cantor 报道了脉冲场电泳的设计思想,解决了分离大片段 DNA 的方法[1]。脉冲场电泳能够分离 12 MB 大的核酸分子。该方法在凝胶上加了正交的可变脉冲电场,使得 DNA 分子在"爬行"过程中,因为电场方向的变化,以一种扭曲的状态运动,达到分离的目的。在短的脉冲时间条件下,很快改变电场方向,小的 DNA 分子进行迁移,大的分子受限;脉冲时间增加,大分子迁移增加,但会出现小的 DNA 分子分辨率的损失。当使用 PFGE 技术进行实验时,需要优化电泳的运行参数以确保在需要的尺寸范围内达到最大的 DNA 片段分离。脉冲场电泳经过数年的发展,已经成为一个非常成熟的分离大片段 DNA 分子的技术。PEGE 的检测仪器多种多样,但一般由一个冷却电泳槽、一个能提供 220 V 直流电的电源组和一个能改变电场方向或环绕凝胶或电极的定时装置组成。

# 4.2 影响 PFGE 分辨率的因素

影响 PFGE 分辨率的因素有:脉冲时间、电场夹角、电场强度、温度、缓冲液及电泳时间等。在 PFGE 中常固定以下电泳参数:电场夹角、电场强度、温度、缓冲液组成、琼脂糖的类型和浓度、电泳时间,而只是改变脉冲时间来控制分辨样品的范围,即通过增加脉冲时间来分离较大分子,减少脉冲时间来分离较小分子。

## 4.2.1 脉冲时间

脉冲时间指电场在某个角度持续的时间,例如,脉冲时间为 30 s,即电场方向将会每30 s 变换一次。脉冲时间是脉冲场电泳的核心参数。实验中通常使用的脉冲时间是一个范围值,比如:5~50 s。这样是为了使一定范围内的 DNA 片段都能得到理想的分离。这种脉冲时间的变换可以是线性的或非线性的。线性的是指脉冲时间在一定电泳时间内是均匀变换的;而非线性变换可以使某一脉冲时间相对集中,从而使相应大小的 DNA 片段更好地分离。

## 4.2.2 电场夹角

使用小的电场夹角可以分离较大的 DNA 片段,而使用大的电场夹角可以分离较小的DNA 片段。当使用较小的电场夹角时,小片段会变得相对集中。大部分基于 CHEF 脉冲场凝胶电泳系统的操作手册使用的电场夹角为 120°。

## 4.2.3 电场强度

电场强度的单位以 V/cm 表示。因为通常的 CHEF 型脉冲场凝胶电泳胶区的长度为33 cm,所以 200 V 的电压实际上为 6 V/cm。使用较低的电场强度可以分离较大的 DNA片段。大部分基于 CHEF 脉冲场凝胶电泳系统的操作手册使用的电场强度是6 V/cm。

## 4.2.4 温度

脉冲场凝胶电泳通过冷凝和循环系统实现对电泳缓冲液的温度控制。缓冲液的温度越高,电泳所需要的时间也就越短。但是,较高的温度会使电泳条带弥散,影响分辨率。通常使用的温度为 12~15 ℃。

## 4.2.5 缓冲液

脉冲场凝胶电泳中的缓冲液的选择需要考虑两个方面的问题:缓冲液的缓冲能力、较长电泳时间中液体的损耗。通常用于脉冲场凝胶电泳的电泳缓冲液有两种:0.5×TBE 和1×TAE。其中 1×TAE 常用于 MB 级的 DNA 片段的分离(>3 MB),而 0.5×TBE 常用于<1 MB 的 DNA 片段的分离。

### 4.2.6　琼脂糖的类型和浓度

使用的琼脂浓度越低，所能分离的 DNA 片段越大。但是琼脂的浓度越低，其机械强度也就越低，使实验操作中的难度加大。在脉冲场凝胶电泳中使用的琼脂糖应具备以下特点：

（1）机械强度大，有利于实验操作。

（2）纯度高，高纯度的琼脂糖可以提高电泳的分辨率。

（3）熔点低，包埋细菌时，凝胶的温度不宜过高。

### 4.2.7　电泳时间

电泳时间需要在分辨率和总实验时间之间找到一个平衡点。因为 PFGE 需要尽快完成实验，因此理论上说，电泳时间越短越好。但是短的电泳时间会降低实验的分辨率，从而影响实验结果。

### 4.2.8　DNA 的制备

为了防止大片段 DNA 的断裂，PFGE 所用的样品都是以琼脂糖包埋的活细胞制备的。因为 PFGE 中 DNA 的泳动比普通电泳对浓度更敏感，所以预先细胞定量很重要。过多的 DNA 会造成泳动的异常减慢。

以上各项都是脉冲场凝胶电泳的基本原理及影响因素。因为 PFGE 操作烦琐，其影响因素很多，所以需要仔细严格操作。

## 4.3　基因分型原理

目前 PFGE 已用于常见的细菌病原体分析，通过限制性内切酶消化菌株 DNA，经 PFGE 分离，比较染色体限制性内切图谱，确定菌株的亲缘关系。同时利用限制性内切酶的稀有酶切位点性质能够推断微生物的总 GC 含量。由于 GC 丰富基因组将具有很少富含 AT 的限制性酶切位点，因此识别 AT 丰富位点的限制性内切酶对于 GC 丰富的基因组来说，可能就是稀有酶切的限制性内切酶。

大片段 DNA 的分析需要保持片段的完整性，因此提取 DNA 时的剪切力必须很小。常规的 DNA 制备方法得不到完整的大分子量 DNA，因为 DNA 大片段很脆弱，容易因提取过程中的机械作用，如吸打、离心等而导致 DNA 的断裂。为了得到完整的大量 DNA 大片段，目前主要是采用低熔点琼脂糖（Low Melting Point Agarose）包埋样品，再进行原位裂解和去蛋白处理从而释放 DNA，低熔点琼脂糖在这个过程中阻止了机械力对 DNA 大片段的剪切作用，因而细胞裂解所释放的 DNA 大片段包埋在胶栓中。根据细胞壁组成采用不同的细胞壁去除方法。例如，革兰氏阴性细菌细胞壁易受酰肌氨酸类洗涤剂的影响;革兰氏阳性细菌细胞壁需要添加溶菌酶处理;DNA 的三级结构、蛋白质和核酸酶的活性分别采用蛋白酶 K 和 EDTA 去除。下面是脉冲场电泳简单的实验流程。

（1）样品的制备:细胞、组织用低熔点琼脂糖包埋,做成琼脂糖胶块。

（2）DNA 的释放:用细胞裂解液和蛋白酶 K 消化,使得 DNA 被释放到细胞外。

（3）DNA 的消化:大片段的 DNA 用限制性内切酶消化。

（4）上样和电泳:制备好的样品按照设计好的程序电泳。

（5）染色和结果分析:电泳的结果通过染色被读取,通过相关软件进行数据的分析。

## 4.4　Pulse Net 相关知识

Pulse Net 是 1996 年由美国疾病预防控制中心（CDC）建立的食源性疾病监测国家分子分型网络体系,是将细菌染色体 DNA 大片段的长度多态性分析、脉冲场凝胶电泳 PFGE、计算机技术有机地互相结合,高技术、标准化、网络化,能够实现资源共享。各国纷纷建立起了相应的病原菌监测和实验室检测技术,与国际网络相连接,共同加入到全球传染病预警与应急网络中。Pulse Net 实行了质量保证和质量控制（QA/QC）方案,确保了数据质量和其一致性。其中包括标准化操作协议、适宜的标准化仪器设备和软件、全球统一参考菌株沙门菌 *Braenderup* 血清型 H9812,经内切酶 Xba I 酶切作为分子量标准（Marker）。

美国 Swam inathan 等人已经建立起了针对大肠杆菌 O157 ： H7、沙门菌属的 *Typhimurium* 血清型、李斯特菌、志贺菌属等的 PFGE 标准操作方法[2],并建立起了大肠杆菌 O157 ： H7 的全球监测网络和 PFGE 指纹图谱数据库。我国 Pulse Net 目前已经建立起巴尔通体[3]、军团菌[4]、霍乱弧菌[5]等病原菌 PFGE 分型分析的标准化操作程序,建立起了标准图谱数据库,不同病原菌建立了各自的酶切分析和电泳操作参数标准。

## 4.5　PFGE 基因分型技术的应用

PFGE 技术已经被用于细菌传染性疾病病因溯源[6~8],揭示菌株之间的遗传关系[9][11],已确认暴发疫情的传染源追踪[12][13],为临床诊断和治疗提供依据[14]等 。下面我们参照 BIO-RED 实验室的 CHEF Mapper® XA 脉冲场电泳说明书分别对细菌和酵母菌的操作程序进行讲述。

### 4.5.1　仪器设备部分

**1. 装机前的准备**

在 CHEF 装机前,需要做好以下的准备。

（1）电源:220 V,接地良好。

(2)试剂准备:1×TAE 或 0.5×TBE 至少 3 L、双蒸水。

(3)电炉或微波炉、天平、手术刀片。

(4)其他消耗品:烧杯(2 L)、量筒(1 L)、三角烧瓶(250 mL)。

**2. 仪器组成**

一套 CHEF 仪器,主要由以下部分组成。

(1)主机:CHEF MAPPER XA、CHEF DR Ⅲ 或 CHEF DR Ⅱ。

(2)电泳槽。

(3)冷却泵。

(4)蠕动泵。

(5)其他附件,包括灌胶架 14 cm×13 cm 1 个、梳子 15 孔 1 个、梳架 1 个、聚乙烯管、一次性样品制备模块 50 个、DNA 标准品 1 个(4 ℃保存)、染色体级琼脂糖 5 g、脉冲场专用琼脂糖 5 g、水平泡 1 个、连接线等。

**3. 仪器安装**

(1)仪器的放置:将电泳槽放置在实验桌上,两个出水阀和安全锁朝自己的方向;主机放在电泳槽的右边;冷却泵放在电泳槽的左边;蠕动泵放置在电泳槽的后侧。

(2)检查仪器的电源跳线:将仪器的电压转换开关调到 220 V。

(3)仪器的连接。

①将蠕动泵的连接插头连接到主机正面标记有 PUMP CONNECTOR 的位置。

②将电泳槽上的 25 针连接线连接到主机正面标记有 OUTPUT TO ELECTROPHORESIS CELL 的位置。

③将电泳槽的电源插头(红和黑)插入主机正面标记有 TO INTERLOCK 的插孔中。

④用灰色的 9 针温度控制连接线,连接电泳槽和冷却泵。

⑤最后,连接主机和冷却泵的电源线。

(4)管道的连接:随仪器带有两种不同口径的聚乙烯管。

①先剪大约 60 cm 的细口径管 2 根,与冷却泵的进水口(标记有 flow in)和出水口(标记有 flow out)连接,并用仪器配备的塑料卡子固定。

②用大约 60 cm 长的粗口径管子和一个快速放水接头连接,将接头插入电泳槽左边的出水阀中;管子的另一端通过转换接头和连接在冷却泵进水口的细口径管相连。

③连接冷却泵出水口的细口径管和蠕动泵左边的管道通过转换接头连接。

④蠕动泵的右边管道通过接头和粗口径管连接。管的另一端和快速放水接头连接,并插入电泳槽后面的进水阀。

⑤准备一根粗口径管,管的一端连接有快速放水接头。当需要将电泳槽内的缓冲液排出时,将接头插入电泳槽右边的出水阀即可。

(5)电泳槽的水平调节:用水平泡作指示,通过调节电泳槽四角的螺丝将电泳槽调水平,使水平泡的气泡处于中央的位置。在电泳槽的前内侧,放置过滤条。

（6）连接检查:在电泳槽内倒入约 2 L 的双蒸水,打开主机开关和蠕动泵的开关,将蠕动泵的速度调到 100,检查管道有无漏气。

**4. 仪器操作**

电泳前半小时进行以下工作。

（1）检查管道系统,确认管道连接密闭,不漏气。

（2）在电泳槽内加入约 2.2 L 合适的电泳缓冲液。

（3）接通主机和冷却泵电源,开启主机开关,主机自检结束后,开启冷却泵开关。

（4）按冷却泵的"set temp"键调节需要的电泳温度,一般为 14 ℃。按"actual temp"显示实际温度。

（5）调节蠕动泵的速度为"100"。

半小时后进行以下工作。

（6）将灌胶框放入电泳槽中,框子上的突起对准电泳槽上的小孔;加好样的凝胶连同灌胶架的垫片一起放入框内。

（7）检查缓冲液的高度,确保缓冲液超过胶面 1～2 cm。

（8）盖好电泳槽盖,将冷凝泵速度调节至"50"。

（9）在主机上设置电泳程序(最简单的办法是按"auto algorithum"键,键入欲得到的线性范围的最大和最小 kb 数,确认所有给出参数),按"start"键,即开始电泳。此时可观察到电泳槽内电极开始出现气泡。仪器会显示出实际的电流。

（10）电泳开始后,"high voltage"灯亮,此时切不可打开电泳槽盖进行操作,以免发生触电危险。

（11）电泳结束后,"high voltage"灯灭。依次关掉冷凝系统,主机开关,然后打开电泳槽,取出凝胶,进行染色等操作。

电泳参数的设置,涉及电压、脉冲角度、脉冲转换时间、电泳时间和脉冲转换时间的变化系数。最常用的参数如下:电压,6 V/CM;脉冲角度,120°;脉冲转化时间,Int. Sw. Time＝30 s、Fin. Sw. Time＝90 s;电泳时间,18 h;脉冲转换时间的变化系数,线性。脉冲转换时间和电泳时间因不同的样品而不同,需要在实验中优化。

在现有的三款仪器中,CHEF DRII 和 CHEF DR III 的设置比较简单,只需要设置上述的参数即可。CHEF MAPPER XA 系统功能更多,设置相对烦琐。下面简单介绍 CHEF MAPPER XA 的面板和参数设置。

CHEF MAPPER XA 面板可分为 4 个功能区:指示灯、电泳横式选择、参数显示选择区、数字和功能键。

如图 4.1 所示,CHEF MAPPER XA 有多种参数设置模式,这里介绍最常用的"AUTO ALGORITHM""180° FIGE"和"TWO STATE"模式。

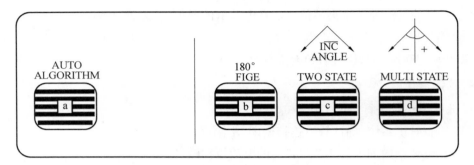

图 4.1　CHEF MAPPER XA 的电泳模式选择

（1）"AUTO ALGORITHM"模式。

①开机后，按"AUTO ALGORITHM"键。

②屏幕上显示"Molecular Weight：Low"，此时通过面板上的数字键和字母键输入所要分离的最小片段。比如：220 KB，输入 220，"K-BASES"，回车键。

③随后，屏幕上显示"Molecular Weight：High"，此时输入你所要分离的最大片段，比如 2 200 kb，输入 2200，"K-BASES"，按回车键。

④屏幕上显示"Calibration Factor"，按回车键。

⑤屏幕上显示"0.5X TBE，14，1% PFC agarose ℃"，按回车键。

⑥此时屏幕上会显示如下参数：6V/cm，Run Time = ＊＊.＊＊（hr），Included angel 120°，按回车键。

⑦屏幕上显示：Int. Sw. Tm = ＊＊.＊＊s，Fin Sw. Tm = ＊＊.＊＊s，Ramping Foctor：a = [linear]，按回车键。

⑧此时显示"A program is in memory"，按"START RUN"即开始运行。

（2）"180° FIGE"模式。

①开机后，按"180° FIGE"键。

②屏幕显示"Forward Voltage Gradient = [ ]V/cm"，输入相应的数值，如 6，按回车键。

③屏幕显示"Int. Sw. Tm = "，输入 90，"SECONDS"，按回车键。

④屏幕显示"Fin. Sw. Tm = "，按回车键。

⑤屏幕显示"Rev. Voltage Gradient = [ ]V/cm"，输入 6，按回车键。

⑥屏幕显示"Rev. Int. Sw. Tm = "，输入 30，"SECONDS"，按回车键。

⑦屏幕显示"Rev. Fin. Sw. Tm = "，按回车键。

⑧屏幕显示"Total Run Time = "，输入 24，"HOURS"，按回车键。

⑨屏幕显示"A program is in memory"，按"START RUN"即开始运行。

注意：输入的"Int. Sw. Tm"一定要比"Rev. Int. Sw. Tm = "时间长，片段才会往正确的方向运动。

（3）"TWO STATE"模式。

①开机后，按"TWO STATE"键。

②屏幕显示"Gradient ＝[ ] V/cm",输入 6,按回车键;"Run Time ＝[ ]",输入 24,"HOURS",按回车键;"Included angle ＝"输入 120,按回车键。

③屏幕显示"Int. Sw. Tm ＝ ",输入 30,"SECONDS",按回车键;"Fin. Sw. Tm ＝",输入 90,"SECONDS",按回车键。

④屏幕显示"Ramping factor a ＝",按回车键。

⑤屏幕显示"A program is in memory",按"START RUN"即开始运行。

### 4.5.2　革兰氏阴性菌实验步骤

**1. 试剂准备**

(1)试剂储存液的配制。

①1 mol/L Tris HCl, pH 值为 8.0。

121.1 g Tris 碱溶于 650 ~ 700 mL 纯水中,加入 80 mL 6 mol/L HCl,在室温下调 pH 值至 8.0,加水使终体积至 1 000 mL,高压灭菌。或者将 157.6 g Tris-HCl 溶于 800 mL 纯水中,在室温下调 pH 值至 8.0,加水使终体积至 1 000 mL,高压灭菌。

②10 mol/L NaOH。

将 400 g NaOH 小心溶于 800 mL 纯水中,冷却到室温,加灭菌的纯水使终体积至 1 000 mL。

③0.5 mol/L EDTA, pH 值为 8.0。

将 186.1 g $Na_2$EDTA-$2H_2O$ 溶于 800 mL 纯水中,加入 50 mL 10 mol/L NaOH 调 pH 值至 8.0,加水使终体积至 1 000 mL,分成数份,高压灭菌。

④质量浓度为 200 g/L 的十二烷基硫酸钠(SDS)。

将 20 g SDS 小心加入装有 80 mL 灭菌纯水的容器中,在 35 ~ 45 ℃ 温度条件下轻轻混匀溶解,定容至 100 mL。

⑤20 mg/mL 蛋白酶 K 储存液。

100 mg 蛋白酶 K 粉末溶于 5 mL 灭菌纯水中,混匀,分装在 1.5 mL 离心管中,每管 500 ~ 600 μL,-20 ℃ 保存备用。

⑥10× Tris-Borate EDTA 缓冲液(TBE), pH 值为 8.3。

0.9 mol/L Tris base (108 g);

0.9 mol/L 硼酸(55 g);

0.02 mol/L EDTA, pH 值为 8.0(40 mL、0.5 mol/L)。

溶于 1 000 mL 灭菌的纯水中,高压灭菌。

注意:如果缓冲液有沉淀生成,则必须丢弃。

⑦溴化乙锭(EB)。

10 mg/mL EB 的储存液用纯水 1∶10 000 稀释(即 100 mL 水中加入 10 μL 储存液),(500 mL 水中加 50 μL)。稀释液在丢弃前可以染 5 ~ 6 块胶。

（2）实验试剂。

①Tris-EDTA 缓冲液（TE）——10 mmol/L Tris-HCL：1 mmol/L EDTA，pH 值为 8.0。

10 mL 1 mol/L Tris-HCL，pH 值为 8.0；

2 mL 0.5 mol/L EDTA，pH 值为 8.0；

用灭菌的纯水稀释到 1 000 mL。

②细胞悬浮缓冲液（CSB）——100 mmol/L Tris-HCl：100 mmol/L EDTA，pH 值为 8.0。

10 mL 1 mol/L Tris-HCl，pH 值为 8.0；

20 mL 0.5 mol/L EDTA，pH 值为 8.0。

用灭菌的纯水稀释到 100 mL。

③细胞溶解缓冲液（CLB）——50 mmol/L Tris-HCl：50 mmol/L EDTA，pH 值为 8。

25 mL 1 mol/L Tris-HCl，pH 值为 8.0；

50 mL 0.5 mol/L EDTA，pH 值为 8.0；

50 mL 质量浓度为 100 g/L 的肉孢子菌素。

用灭菌的纯水稀释到 500 mL，每 5 mL CLB 加入 25 μL 蛋白酶 K 储存液（20 mg/mL），使其终浓度为 0.1 mg/mL。

④0.5× TBE 缓冲液。

200 mL 5× TBE 缓冲液用纯水稀释到 2 000 mL 或将 100 mL 10× TBE 缓冲液用纯水稀释到 2 000 mL。

注意：用来稀释 5× TBE 缓冲液、10× TBE 缓冲液的纯水可以不灭菌。

⑤脉冲场级琼脂糖。

⑥无菌的超纯水。

⑦蛋白酶 K 粉末或蛋白酶 K 溶液（20 mg/mL）。

⑧限制性内切酶。

**2. 实验器材**

（1）分光光度计：用于调整细胞悬浊液的浓度。

（2）微波炉：用于溶胶。

（3）水浴摇床：用于裂解胶块中的细胞（54 ℃），用水和 TE 缓冲液（50 ℃）洗胶块。

（4）56 ℃水浴箱：用于平衡和保温熔化的胶。

（5）25 ℃，30 ℃，37 ℃水浴箱：用于酶切。

（6）50 ℃水浴箱：用于加热洗胶块的水和 TE 缓冲液，酶切。

（7）离心机。

**3. 实验耗材**

（1）无菌的 Falcon 2054（12 mm×75 mm）或 Falcon 2057（17 mm×100 mm）：用于细胞悬浊液的制备。

（2）无菌的聚酯纤维或棉签：用于从琼脂平板上刮取细菌。

（3）无菌的枪头或巴斯得吸管。

（4）无菌的 1.5 mL 离心管：用于混合细胞悬浊液和胶、酶切。

（5）无菌的 50 mL 螺旋帽管：用于装胶块。

（6）绿色筛选帽：洗胶块时用。

（7）模具：10 孔和 50 孔。

（8）单刃剃须刀、手术刀、平皿或类似物：用于切胶块。

（9）无菌的一次性皮氏平皿或大的玻璃载物片：用于切胶块。

（10）一端宽、一端窄的平铲。

（11）标准胶槽（14 cm×13 cm 的框和平板）。

（12）10 孔的梳子（14 cm 长，1.5 mm 宽）。

（13）15 孔的梳子（21 cm 长，1.5 mm 宽）。

（14）胶水平台。

（15）盛放 EB 染液的塑料容器。

（16）体积分数为 70% 的异丙醇、体积分数为 5%～10% 的漂白剂或其他合适的消毒剂。

（17）各种体积的无菌烧瓶或瓶子（50～2 000 mL）。

（18）各种规格的无菌量筒（100～2 000 mL）。

（19）无菌的吸管（2～50 mL）。

（20）保护性手套（无石化粉的乳胶手套、聚乙烯手套或腈类手套）。

（21）防热性手套。

（22）冰盒。

（23）沙门菌 *Braenderup* 血清型全球参考菌株 H9812，用 XbaI 酶切。

（24）质量浓度为 10 g/L 的脉冲场级琼脂糖凝胶。

（25）脉冲场电泳启动试剂盒。

（26）脉冲场胶。

（27）缓冲液。

（28）标准品。

**4. 实验步骤**

（1）胶块的制备。

①在 Falcon 2054 管上标记样品名称和空白对照，分别加入约 2 mL（1 mL）细胞悬浊液（CSB）。

②在 1.5 mL 离心管上标记好对应样品的名称。

③在模具上标记好对应样品的名称。

④用 CSB（N-环己基苯并噻唑次磺酰胺）湿润接种环，从培养皿上刮取适量细菌，均匀悬浊于 CSB 中，用分光光度计测其 *OD* 值，并调整至 3.6～4.5（4.0）。如果 *OD* 值大于

4.5,加入 CSB 稀释;如果 $OD$ 值小于 3.6,增加菌量提高其浓度。

⑤取 400 μL 细菌悬浊液于相应的 1.5 mL 离心管中,置于 37 ℃水浴中孵育 5 min。将剩余的细菌悬浊液置于冰上直到胶块制备好放在水浴摇床中。

⑥从水浴箱中取出离心管,每管加入 20 μL 蛋白酶 K(储存液体积分数为 20 mg/mL)混匀,使其终浓度为 0.5 mg/mL。

⑦制备好质量浓度为 10 g/L 的脉冲场级琼脂糖凝胶。

⑧在离心管中加入 400 μL 的质量浓度为 10 g/L 的脉冲场级琼脂糖凝胶:质量浓度为 10 g/L 的 SDS(十二烷基磺酸钠),用枪头轻轻混匀。

⑨将混合物加入模具,避免气泡产生,在室温下凝固 10~15 min。

注意事项:

a. 用后的接种环要放在指定的废弃物容器中。

b. 细胞悬浊液、蛋白酶 K 要置于冰上。

c. 在混合细胞悬浊液时要避免气泡的产生。

d. 混合物加入模具时不能产生气泡。

(2)细胞的裂解。

①在 50 mL 的螺旋帽管上做好标记。

②配制细胞裂解液(CLB):每 5 mL 细胞裂解液加入 25 μL 蛋白酶 K(20 mg/mL),使其终浓度为 0.1 mg/mL,然后颠倒混匀。

注意:蛋白酶 K 要置于冰上,配制好的 CLB 也要置于冰上。

③每个管子加入 5 mL 蛋白酶 K/CLB 混合液。

④如果想使胶块平齐,可以用刀片削去模具表面多余的部分。

可重复利用的模具:打开模具,用小铲的宽头部分将胶块移入相应的螺旋帽管中。

一次性模具:撕掉模具下面的胶带,用小铲将胶块捅进相应的螺旋帽管中,将模具、胶带、小铲放入废弃物容器中。

⑤保证胶块在液面下而不在管壁上。

⑥将管子放在 54 ℃水浴摇床中孵育 2 h,转速约 130 r/min。

⑦将纯水和 TE 缓冲液放在 50 ℃水浴箱中预热。

(3)洗胶块。

①从水浴摇床中拿出螺旋帽管,盖上绿色的筛选帽。轻轻倒掉 CLB,在实验台上轻磕管底使胶块落在管底。

注意:把管倒置在吸水纸上,使管内液体被尽量排除干净。随后的操作中也如此。

②每管中加入 15 mL 预热的纯水。

③确保胶块在液面下而不在管壁或盖子上,放回 50 ℃水浴摇床中,摇 10 min。

④倒掉水,用纯水再洗一次。

⑤倒掉水,加入 15 mL 预热的 TE 缓冲液,在 50 ℃的水浴摇床中摇 15 min。

⑥倒掉 TE 缓冲液,用 TE 缓冲液重复洗三次,每次 10 ~ 15 min。

⑦倒掉 TE 缓冲液,加入 10 mL TE 缓冲液,放在 4 ℃冰箱保存备用。

注意:要确保胶块在液面下而不在管壁或盖子上。

(4)胶块内 DNA 的酶切。

①在 1.5 mL 离心管上标记好相应的样品及 H9812 的名称。

②按照表 4.1 的比例配制缓冲液 M 的稀释液,混匀。

表 4.1　缓冲液 M 的稀释液配方

| 试剂 | μL/胶块 | μL /10 胶块 |
| --- | --- | --- |
| 纯水 | 135 μL | 1 350 μL |
| 缓冲液 M | 15 μL | 150 μL |
| 总体积 | 150 μL | 1 500 μL |

注意:缓冲液要置于冰上。

③在每个 1.5 mL 离心管中加入 200 μL 缓冲液 M 的稀释液。

④小心从 TE 中取出胶块放在干净的培养皿上。

⑤用刀片切下 2 mm 宽的胶块放入 1.5 mL 离心管中。确保胶块在液面下面。将剩余的胶块放回原来的 TE 缓冲液中。

⑥用同样的方法处理标准株 H9812 的胶块。

⑦将管子放在 37 ℃水浴中孵育 10 ~ 15 min。

⑧在用稀释缓冲液孵育的过程中,按照表 4.2 的比例配制酶切缓冲液,混匀。

表 4.2　酶切缓冲液配方

| 试剂 | μL/胶块 | μL/10 胶块 |
| --- | --- | --- |
| 纯水 | 157 μL | 1 570 μL |
| 缓冲液 M | 20 μL | 200 μL |
| 标准蛋白质溶液 | 20 μL | 200 μL |
| 酶(15U/μl) | 3 μL | 30 μL |
| 总体积 | 200 μL | 2 000 μL |

注意:将酶置于冰上,用后立即放在 -20 ℃保存。用枪头吸出缓冲液 M,避免损伤胶块。

⑨每管加入 200 μL 混合液,在实验台上轻磕管子的底部,确保胶块在液面下方。

⑩在 37 ℃水浴中孵育至少 2 h。

(5)加样。

①将胶块直接粘在梳子齿上。

调整梳子的高度,使梳子齿与胶槽的底面相接触。用水平仪调整胶槽使其水平。从 37 ℃水浴中取出胶块,平衡到室温。用枪头吸出酶切混合液,避免损伤或吸出胶块。每管加入 200 μL 0.5×TBE 缓冲液。把梳子平放在胶槽上,把胶块加在梳子齿上。如果用的是 10 个齿的梳子,把标准菌株 H9812 加在第 1、5、10 个齿上。用吸水纸的边缘吸去胶块附近多余的液体,在室温下风干约 3 min。把梳子放入胶槽,确保所有的胶块在一条线上,并且胶块与胶槽的底面相接触。从胶槽的下部中央缓慢倒入 100 mL 熔化的、在 55 ~ 60 ℃平衡的 1% 脉冲场胶。避免气泡的生成;如果有气泡,用枪头消除。在室温下凝固 30 min 左右。记录加样顺序。

②将胶块直接加在加样孔内。

调整梳子的高度,使梳子齿与胶槽的底面有一定间距。用水平仪调整胶槽使其水平。把梳子放入胶槽,从胶槽的中央缓慢倒入 100 mL 熔化的、在 55 ~ 60 ℃平衡的质量浓度为 10 g/L 的脉冲场胶。避免气泡的生成;如果有,用枪头消除。在室温下凝固 30 min 左右。小心拔出梳子。从 37 ℃水浴中取出胶块,平衡到室温。用枪头吸出酶切混合液,避免损伤或吸出胶块。每块胶加入 200 μL 0.5×TBE 平衡。用小铲将胶块加入加样孔。用溶化的胶封闭加样孔。

注意:可以在加样孔中加入 0.5×TBE 缓冲液,利用毛细作用将胶块沉在加样孔底,尽量避免气泡形成。

(6)电泳。

①确保电泳槽是水平的。如果不水平,调整槽底部的旋钮。注意:不要触碰电极。

②加入 2.1 L 0.5×TBE 缓冲液,关上盖子。

③打开主机和泵的开关,确保缓冲液的流速约 1 L/min 和缓冲液在管道中正常循环。

④打开冷凝机,确保预设温度为 14 ℃(缓冲液达到该温度通常需要 20 min 左右)。

⑤打开胶槽的旋钮,取出凝固好的胶,用吸水纸清除胶四周和底面多余的胶,小心地把胶放入电泳槽,关上盖子。

⑥设置电泳参数。

CHEF Mapper XA 系统有 4 种产生程序的方法,分别为:a. 自动运算(Auto Algorithm),适用于没有已知方法的电泳;b. 反转场(180°Fige),适用于长度小于 100 kb 片段的分离或已知适用于反转场的电泳;c. 双矢量脉冲(Two State),最常用的电泳方法,适用于大多数电泳;d. 多矢量脉冲(Multi State),可编辑多阶段、多矢量脉冲的程序。操作可参考 3.5.1 节中的第 4 部分。

⑦记录电泳初始电流(通常 120 ~ 145 MA)。

⑧结束电泳。关机顺序为:冷凝机—泵—主机。

(7)凝胶的染色。

①取出胶,放在盛放 400 mL EB 溶液的托盘内(EB 储存液浓度为 10 mg/mL,1:10 000稀释,即在 400 mL 水中加入 40 μL 储存液)。

注意:储存在棕色瓶中的 EB 稀释液可以用 3 ~ 5 次。EB 是致畸剂,废弃的 EB 溶液应妥善处理。

②将托盘放在摇床上摇 25 ~ 30 min。

③弃掉电泳槽中的 TBE 缓冲液,用 1 ~ 2 L 纯水清洗电泳槽,并倒掉液体。

④戴上手套将用后的 EB 溶液小心倒入做有标记的棕色瓶中,在托盘中加入 400 ~ 500 mL 纯水,放在摇床上脱色 60 ~ 90 min,如果可能每 20 ~ 30 min 换一次纯水。

(8)图像的读取。

电泳图像通常用 BIO - RAD 的 GEL DOC 2000 或其他成像系统来获取。运用 QUANTITY ONE 软件的简单说明如下。

①点击 QUANTITY ONE 按钮打开该软件。

②点击菜单 FILE→GEL DOC。

注意:需要 10 ~ 20 s 打开窗口。

③打开抽屉,把胶放在台板上。胶已经经过 EB 染色并经过充分脱色。用黑色胶框把胶放在合适的位置,关上抽屉门。

④按下 EPI-LIGHT 按钮打开白光。

⑤把胶放在调准网格线内,使胶的加样孔和调准网格线的最上面一条蓝线对齐。

⑥保证调准网格线和过饱和按钮被选中。

⑦改变镜头的 MIDDLE RING 以调整图像的大小及顺逆时针,使图像占据整个窗口。如果需要,挪动胶在台板上的位置。胶的加样孔、下边界和左右边界在屏幕上都应该可以看到。如果需要,按 BOTTOM RING 以调整相机的焦距。

注意:焦距的调整只可以偶尔用之,不可用于每一块胶,可以用尺子帮助调整焦距。

⑧按下 EPI-LIGHT 关掉白光,按下 UV 按钮打开透射紫外光。

⑨点击 AUTO EXPOSE 以确定大概的曝光时间。当图像出现在窗口时,AUTO EXPOSE 自动关闭而 MANUAL EXPOSE 被激活。点击 MANUAL EXPOSE 的 ↑ ↓ 按钮,调整曝光时间。在调整饱和度时,点击箭头或 TURN THE TOP RING 以降低光量(如果图像过饱和,图像显现红色)。

注意:如果出现对话框"曝光可以在 0.03 ~ 360 s 之间波动",则需通过改变相机的像素以调整饱和度。调整饱和度使样品条带没有红色很重要,因为这会影响 BIONUMERICS 软件对胶图像的分析。而胶加样孔的过饱和属于正常现象。

⑩当图像调整得比较满意时,按下 FREEZE 按钮停止曝光过程。按下 UV 按钮关掉紫外光(如果开门时 UV 灯打开,它会自动关闭)。

(9)图像的输出。

①保存图像:FILE→SAVE。确保选择正确的路径,文件默认的名字包括日期、时间和用户,可以改变文件名。

②打印文件:FILE→PRINT→VIDEO PRINT,也可以直接点击屏幕上的 PRINT 按钮。

③转为 * . TIFF 格式:FILE→EXPORT TO TIFF IMAGE→EXPORT,选择正确的路径。

④关闭 QUANTITY ONE 程序:FILE→EXIT。

⑤取出胶放在染色盒内。用软抹布擦掉台板表面多余的液体,用水或体积分数为70%的异丙醇洗干净。

### 4.5.3 酵母菌实验步骤

**1. 试剂准备**

(1)50 mmol/L EDTA,pH 值为 8.0。

将 18.61 g $Na_2EDTA-2H_2O$ 溶于 800 mL 纯水中,加入 50 mL 10 mol/L NaOH 调 pH 值至 8.0,加水使终体积至 1 000 mL,分成数份,高压灭菌。

(2)PMSF 原液(100 mmol/L 苯甲基磺酰氟)。

将 0.174 g 苯甲基磺酰氟加入体积分数为 100% 的异丙醇中,在室温放置。该溶液可以稳定在室温放置一年,但其在水相中不稳定,在 pH 值为 7.5~8.0 的环境中,在室温下活性持续 30~50 min。

(3)YPD 培养基:每升水中含有 20 g 蛋白胨,10 g 酵母粉,20 g 葡萄糖。

**2. 实验设备**

(1)无菌移液管。

(2)2 mL、5 mL、50 mL 无菌塑料管。

(3)50 ℃水浴。

(4)显微镜。

(5)血球计数板。

血球计数板是一块特制的厚型载玻片,如图 4.2 所示,载玻片上有 4 个槽,构成 3 个平台。中间的平台较宽,其中间又被一短横槽分隔成两半,每个半边上面各刻有 1 个小方格网,每个方格网共分 9 个大方格,中央的一大方格作为计数用,称为计数区。计数区的刻度有两种:一种是计数区分为 16 个中方格(大方格用三线隔开),而每个中方格又分成 25 个小方格;另一种是一个计数区分成 25 个中方格(中方格之间用双线分开),而每个中方格又分成 16 个小方格。但是不管计数区是哪一种构造,它们都有一个共同特点,即计

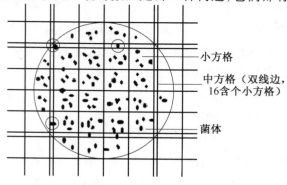

图 4.2　血球计数板

数区都由 400 个小方格组成。计数区边长为 1 mm,则计数区的面积为 1 mm$^2$,每个小方格的面积为 1/400 mm$^2$。盖上盖玻片后,计数区的高度为 0.1 mm,所以每个计数区的体积为 0.1 mm$^3$,每个小方格的体积为 1/4 000 mm$^3$。

使用血球计数板计数时,先要测定每个小方格中微生物的数量,再换算成每毫升菌液(或每克样品)中微生物细胞的数量。下面以计数酵母菌为例进行说明。

用血球计数板计算酵母菌悬液的酵母菌个数,样品稀释的目的是便于对酵母菌悬液计数,以每小方格内含有 4 ~ 5 个酵母细胞为宜,一般稀释 10 倍即可。用擦镜纸擦净血球计数板,在中央的计数室上加盖专用的厚玻片,用吸管吸取一滴稀释后的酵母菌悬液置于盖玻片的边缘,使菌液缓缓渗入,多余的菌液用吸水纸吸取,稍待片刻,使酵母菌全部沉降到血球计数室内。计数时,如果使用 16 格×25 格规格的计数室,要按对角线,取左上、右上、左下、右下 4 个中格(即 100 个小格)的酵母菌数。如果规格为 25 格×16 格的计数板,除了取其 4 个对角方位外,还需再数中央的一个中格(即 80 个小方格)的酵母菌数。当遇到位于大格线上的酵母菌时,一般只计数大方格的上方和右方线上的酵母细胞(或只计数下方和左方线上的酵母细胞)。对每个样品计数三次,取其平均值。按下列公式计算每 1 mL 菌液中所含的酵母菌个数。

16 格×25 格的血球计数板计算公式:

酵母细胞数/mL = 100 小格内酵母细胞个数/100×400×10$^4$×稀释倍数

25 格×16 格的血球计数板计算公式:

酵母细胞数/mL = 80 小格内酵母细胞个数/80×400×10$^4$×稀释倍数

血球计数板使用后,用自来水冲洗,切勿用硬物洗刷,洗后晾干或用吹风机吹干,或用体积分数为 95% 的乙醇、无水乙醇、丙酮等有机溶剂脱水使其干燥。通过镜检观察每小格内是否残留菌体或其他沉淀物。若不干净,则必须重复清洗直到干净为止。

**3. 实验过程**

(1)用 50 ~ 100 mL YPG 培养基或其他培养基培养酵母至 $OD$ 600(溶液在 600 nm 波长处的吸光值)超过 1.0。当 $OD$ 600 达到 1 后,5 000× g、4 ℃ 离心 10 min 收集酵母。并用 10 mL 冰冷的 50 mmol/L,pH 值为 8.0 的 EDTA 溶液重悬酵母。

(2)取 10 μL 酵母悬液加入 990 μL 水,用血球计数板于 400 倍镜下计数。

(3)准备质量浓度为 20 g/L 的 CleanCut$^{TM}$ 琼脂糖,用微波炉熔化并置于 50 ℃ 水浴。每毫升琼脂糖块需要 6×10$^8$ 个真菌。离心收集真菌,并用琼脂糖块一半体积的细胞悬浮缓冲液(10 mmol/L Tris, pH 值为 7.2, 20 mmol/L NaCl, 50 mmol/L EDTA)重悬真菌并置于 50 ℃ 水浴。

(4)在酵母悬液中加入水解酶至 1 mg/mL,并立即进行下一步。

注:有些酵母在包埋后用水解酶消化效果不佳,故推荐在包埋前将水解酶加入酵母液。

(5)将细胞悬液与等体积的质量浓度为 20 g/L 的 CleanCut 琼脂糖轻揉且彻底混匀并

放回 50 ℃ 水浴,用移液器将混合物加入样品模具。静置使琼脂糖凝固,可以将模具置于 4 ℃ 冰箱 10 ~ 15 min,这样可以加速凝固并增加琼脂糖的强度,以方便将其从模具中移出。

(6)用 50 mL 离心管,每 1 mL 琼脂糖块加入 5 mL lyticase 反应液(10 mmol/L Tris,pH 值为 7.2,50 mmol/L EDTA,1 mg/mL 水解酶)。将凝固的琼脂糖块从模具中捅入盛有 Lyticase 反应液的 50 mL 离心管中。于 37 ℃ 水浴中消化 30 ~ 60 min,不需要振荡。

(7)倒掉水解酶反应液并用 25 mL 洗涤缓冲液(20 mmol/L Tris,pH 值为 8.0,50 mmol/L EDTA)洗涤琼脂糖块。每 1 mL 琼脂糖块加入 5 mL 蛋白酶 K 反应液(100 mmol/L EDTA,pH 值为 8.0,质量浓度为 2 g/L 的脱氧胆酸钠,质量浓度为 10 g/L 的月桂酸肌氨酸钠,1 mg/ml 蛋白酶 K)。于 50 ℃ 水浴中消化过夜,不需要振荡。

注:根据细胞特性不同,有的样品需要延长消化时间至 4 d,但这并不会损伤 DNA。

(8)用 50 mL 洗涤缓冲液(20 mmol/L Tris,pH 值为 8.0,50 mmol/L EDTA)洗涤琼脂糖块 4 次,于室温轻柔振荡,每次 30 ~ 60 min。如果样品接下来要进行限制性内切酶消化,建议在第 2、3 次洗涤时加入 1 mmol/L PMSF 使残余的蛋白酶 K 失活。

(9)琼脂糖块可于 4 ℃ 保存 3 个月至 1 年。琼脂糖块可于洗涤缓冲液中长期保存,但必须在限制性内切酶消化前降低 EDTA 浓度。请在酶切前用 10 倍稀释的洗涤缓冲液或 TE(10 mmol/L Tris,1 mmol/L EDTA,pH 值为 8.0)洗涤琼脂糖块 30 min。

(10)胶块内 DNA 的酶切、加样、电泳、染色、图像的获取和分析同上。

# 参 考 文 献

[1] SCHWARTZ D C, CANTOR C R. Seperation of yeast choromosome-sized DNAs by pulsed field gel electrophoresis [J]. Cell, 1984, 37: 67-75.

[2] SWAM INATHAN B, BARRETT T J, HUNTER S B. Pulse Net: the molecular subtyping network for foodborne bacterial disease surveillance[J]. Emerging Infectious Diseases, 2001, 7:382-389.

[3] CHUAN B X, QI Y L, BAO W D. Optimization of pulse-field gel electrophoresis for Bartonella subtyping [J]. Journal of Microbiological Methods, 2009, 76(1):6-11.

[4] ZHOU H, REN H, ZHU B. Optimization of pulsed-field gel electrophoresis for legionella pneumophila subtyping [J]. Appl Environ Microbiol, 2010, 76(5):1334-40.

[5] ZHANG J, DIAO B, ZHANG N. Comparison of different electrophoretic parameters of pulsed−field gel electrophoresis for Vibrio cholera subtyping[J]. Microbiol Methods, 2007, 71(1):15-22.

[6] EPSTEIN L, HUNTER J C, ARWADY M. New delhi metallo−β−lactamase producing carbapenem−resistant escherichia coli associated with exposure to duodenoscopes [J].

Jama-Journal of the American Medical Association,2014, 312,1447-1455.

[7] 熊海平,汤敏,张宏萍. 南通市沙门菌 PFGE 分型分析及数据库的建立[J]. 交通医学, 2009,23(5):461-464.

[8] HUANG X Z,CHU M C,ENGELTHALER D M. Genotyping of a homogeneous group of Yersinia pestis strains isolated in the United State [J]. Journal of Clinical Microbiology, 2002,40(4):1164-1173.

[9] 王鹏,石丽媛,董兴齐,等. 云南省鼠疫菌株脉冲场电泳分析 [J]. 医学动物防制, 2006,22(5):315-317.

[10] ZHANG Z K, HAI R, SONG Z Z. Spatial variation of Yersinia pestis from Yunnan province of China [J]. American Journal of Tropical Medicine and Hygiene, 2009, 81(4):714-717.

[11] LUISA Z M, FABIANA M, WALTER L. Profiling of Leptospira interrogans, L. santarosai, L. meyeri and L. borgpetersenii by SE-AFLP, PFGE and susceptibility testing—a continuous attempt at species and serovar differentiation [J]. Emerging Microbes and Infections, 2016, 5:1-7.

[12] 赵晋,杨小蓉,徐耀方. 2007 年四川省鼠伤寒沙门菌 PFGE 分型及溯源 [J]. 预防医学情报杂志, 2009,25(12):987-989.

[13] 蔡炯,黄薇,黄剑屏. 脉冲场凝胶电泳分型技术应用于宋内志贺菌溯源分析 [J]. 中国卫生检验杂志, 2007,17(10):1750-1752.

[14] SABIROVA J S, XAVIER B B, COPPENS J. Whole-genome typing and characterization of bla(VIM19)-harbouring ST383 Klebsiella pneumoniae by PFGE, whole-genome mapping and WGS [J]. Journal of Antimicrobial Chemotherapy, 2016,71: 1501-1509.

# 第5章　微生物代谢的 Biolog 微平板法

碳是控制微生物在环境中生长的关键元素,微生物的碳源利用特性可以为其底物利用有关的功能方面提供重要的信息[1]。微生物的功能多样性,特别是用于能量代谢的底物利用的功能多样性,是我们对生物地球化学的认识所不可或缺的。甚至有人认为,对生态系统的长期稳定性至关重要的是功能层面的多样性,而不是分类学层面的多样性[2]。

Biolog 微生物自动分析系统是美国 Biolog 公司从 1989 年开始推出的一套微生物鉴定系统,最早进入商品化应用的是革兰氏阴性好氧细菌鉴定数据库(GN),其后陆续推出革兰氏阳性好氧细菌(GP)、酵母菌(YT)、厌氧细菌(AN)和丝状真菌(FF)鉴定数据库。目前已经可鉴定包括细菌、酵母、厌氧菌和丝状真菌在内的近 2 650 种微生物,几乎涵盖了所有的人类、动物、植物病原菌和食品及环境微生物。Biolog 鉴定系统应用的是自动生理生化方法,除阴性对照孔不含碳源外,每孔都含有四唑类显色物质(如 TTC、TV)和不同碳源,它通过测试微生物对 95 种碳源平板的利用或氧化能力来进行鉴定。接种菌悬液后,培养一定时间后采用 Biolog 自动微生物鉴定系统,检测菌株代谢指数并生成特征指纹图谱,与标准菌株图谱数据库进行比对,可得到最终鉴定结果。

同时 Biolog 公司还专门研发 ECO 板用于生态研究,ECO 板在国际上已经是一种经典的微生物生态研究的方法,主要是通过分析混合微生物菌群利用 31 种碳源的差异,从功能多样性角度进行生态研究;通过多个样品间的比较,通过 PCA 软件和聚类软件对结果进行分析;此外还可以用 AWCD 值(平均吸光度)、丰富度、单孔的动力学分析、不同类碳源的比较等[3]~[6]。本章以 GEN III Micro Station 为例,对 Biolog 微生物自动分析系统的 GENIII(GN/GP)微生物鉴定板、AN 微生物鉴定板、FF 微生物鉴定板、YT 微生物鉴定板和 ECO 生态板进行描述。

## 5.1　Biolog GENIII(GN/GP)微生物鉴定板

### 5.1.1　用途

GENIII 鉴定板提供了标准化的 91 种碳源反应和 23 种化学灵敏性测试,用于鉴定一大类肠道菌、非肠道菌和苛生菌等革兰氏好氧细菌。Biolog GENIII 的软件根据 GENIII 鉴定板的代谢模式鉴定微生物。

### 5.1.2　原理

Biolog 鉴定板检测微生物利用或氧化预先选择好的不同碳源的能力和对化学物质的

敏感性。该检测产生了紫色孔的特征模式,进而构成了微生物利用不同碳源的代谢指纹。所有必须的营养物质和生化试剂都预先加入并冻干在各个孔内,四唑紫作为氧化还原染料,在颜色上指示微生物对碳源利用的情况。需要鉴定的菌株在固体培养基上生长,然后在推荐的浓度下用特殊的接种液制成菌悬液。菌悬液以每孔 100 μL 接种到鉴定板上,接种的时候所有的孔都是无色的。在培养期间,在一些孔(阳性孔)里微生物利用相应的碳源进行代谢,而显色物质会被还原成紫色。阴性孔(A-1)不含碳源,保持无色,阳性对照孔(A-10)呈紫色。鉴定板培养 4～6 h 和/或 16～24 h(也可以根据需要延长培养时间),让微生物充分地利用碳源,以形成稳定的碳源代谢指纹。软件自动将鉴定板的数据和数据库进行对比,得出和数据库中最相似的菌株名称。

### 5.1.3　所需器材和消耗品

**1. 培养基**

(1)BUG 培养基的制备。

取一个容器,按量称取 BUG 培养基,如需配制 1 000 mL 培养基,方法如下。

57 g BUG 琼脂培养基,1 000 mL 纯净水、蒸馏水或去离子水,煮沸溶解,冷却后调整 pH 值至 7.3 ±0.1(25 ℃),121 ℃灭菌 15 min,冷却至 45～50 ℃,倒平板。

(2)BUG+B 培养基的制备。

取一个容器,按量称取 BUG 培养基,如需配制 1 000 mL 培养基,方法如下。

57 g BUG 琼脂培养基,950 mL 纯净水、蒸馏水或去离子水,煮沸溶解,冷却至 25 ℃调整 pH 值至 7.3± 0.1,121 ℃灭菌 15 min,冷却至 45～50 ℃,加 50 mL 新鲜的脱纤羊血,摇匀倒平板。

(3)BUG+M 培养基的制备。

取一个容器,按量称取 BUG 培养基,如需配制 1 000 mL 培养基,方法如下。

57 g BUG 琼脂培养基,990 mL 纯净水、蒸馏水或去离子水。煮沸溶解,冷却后调整 pH 值至 7.3 ±0.1(25 ℃),121 ℃灭菌 15 min,冷却至 45～50 ℃,加 10 mL 已灭菌的麦芽糖(质量浓度 250 g/L),混匀,倒平板。

(4)巧克力(Choco)培养基。

Biolog 厂家对巧克力培养基没有严格的规定,用户可以根据自己的情况来使用适合的培养基,以下两种培养基配方可作为参考。

①改良哥伦比亚巧克力琼脂(Improved Columbia Chocolated Agar, ICCA)以 Columbia 琼脂为基础,加质量浓度为 20 g/L 的胰蛋白胨,质量浓度为 1 g/L 的淀粉,质量浓度为 10 g/L的酵母浸膏,溶于 1 000 mL 蒸馏水中,调整 pH 值至 7.4～7.6,高压灭菌 3 min 冷却至 85 ℃,加入质量浓度为 50 g/L 的脱纤维羊血制成平板。

②以国产 MH 琼脂为基础,加入质量浓度为 6 g/L 的胰蛋白胨,质量浓度为 10 g/L 的酵母粉,质量浓度为 2.5 g/L 的水溶性淀粉,质量浓度为 1.5 g/L 的枸橼酸钠,溶于 1 L 蒸馏水中,高压灭菌 115 ℃ 15～20 min,冷却至 80 ℃加脱纤维羊血制成巧克力琼脂,冷至

50 ℃再加入 10 μg/mL 的万古霉素,制成平板。

(5)R2A 琼脂培养基。

配方如下(g/L):蛋白胨 0.5,淀粉 0.5,葡萄糖 0.5,酵母浸膏 0.5,酪蛋白水解物 0.5,磷酸二氢钾 0.3,丙酮酸钠 0.3,无水硫酸镁 0.024,琼脂 15。调整 pH 值至 7.2 ± 0.2。在 25 ℃条件下将上述 18.124 g 物质放入 1 000 mL 蒸馏水中,边加热边搅拌,充分混合。沸腾 1 min 至完全融解。121 ℃灭菌 15 min,冷却至 50 ℃制成平板。

R2A 琼脂是由 Reasoner 和 Geldreich 开发的,用于处理后饮用水中的细菌平板计数,能够培养氯处理的细菌。在检测水和废水中微生物的标准方法中 R2A 琼脂是推荐的培养基。生长缓慢的细菌在营养丰富的培养基中生长受到抑制,而低营养培养基,如 R2A 琼脂,再加上较低的培养温度和较长的培养时间,会刺激耐氯应激细菌的生长。酵母浸膏、蛋白胨和色氨酸为细菌生长提供营养;维生素、微量元素、氮、矿物质、氨基酸、葡萄糖是作为细菌生长能量来源的、可发酵的碳水化合物;淀粉吸收有毒的代谢副产物,从而帮助受损生物体的恢复;丙酮酸钠能促进应激细胞恢复;硫酸镁提供二价阳离子和硫酸盐;磷酸二氢钾用于平衡 pH 值并提供磷酸盐。采用划线平板法和膜过滤法培养自来水中的微生物,培养条件为 35 ℃±2 ℃,时间为 24 ~ 72 h。

**2. 接种液**

厂家提供的接种液分 A、B、C 三种。

**3. 其他**

长棉签、接种棒、储液槽、八道移液器、移液器头、浊度仪、浊度标准品、控温培养箱和相应的鉴定板。接种棒、储液槽可选用国产品牌。在使用鉴定板和接种液之前都应该使其温度恢复到 25 ℃。

### 5.1.4　GENIII 鉴定板

GENIII 鉴定板碳源分布见表 5.1。

### 5.1.5　鉴定步骤

(1)用配制的琼脂培养基对需要鉴定的菌株进行分离纯化,为了保证纯化的效果,最好进行两次以上的划线分离,取单菌落纯化。如果菌株为冻干或冷冻样品,需要传代培养 2 ~ 3 代,让菌株恢复活力。

(2)纯化好的菌株在扩大培养前最好用 Biolog 推荐的培养基(BUG+B 或巧克力培养基)和培养条件传代两次,以便使微生物的代谢活性恢复到最佳,进而准确地和数据库中的代谢模式匹配。如果菌种:①需要在巧克力培养基上或需要体积分数为 6.5% 的 $CO_2$ 培养,②在BUG+B培养基上生长非常差,形成针尖大小的菌落,那么可以认为这些菌是苛生菌(GN - FAS)。大多数苛生菌都是从哺乳动物的呼吸道里分离出来的,如 *Actinobacillus*、*Alysiella*、*Brucella*、*Capnocytophaga*、*CDC Group DF - 3*、*CDC Group EF - 4*、*Eikenella*、*Haemophilus*、*Kingella*、*Moraxella*、*Neisseria*、*Simonsiella*、*Suttonella* 和 *Taylorella*。

表 5.1　GENIII 鉴定板碳源分布

| | 1 | 2 | 3 | 4 | 5 | 6 | 7 | 8 | 9 | 10 | 11 | 12 |
|---|---|---|---|---|---|---|---|---|---|---|---|---|
| A | Negative Control 阴性对照 | Dextrin 糊精 | D-Maltose D-麦芽糖 | D-Trehalose D-海藻糖 | D-Cellobiose D-纤维二糖 | Gentiobiose 龙胆二糖 | Sucrose 蔗糖 | D-Turanose D-松二糖 | Stachyose 水苏糖 | Positive Control 阳性对照 | pH 6 | pH 5 |
| B | D-Raffinose 蜜三糖,棉子糖 | α-D-Lactose α-D-乳糖 | D-Melibiose 蜜二糖 | β-Methyl-D-Glucoside β-甲酰-D-葡萄糖苷 | D-Salicin D-水杨苷 | N-Acetyl-D-Glucosamine N-乙酰-D-葡萄糖胺 | N-Acetyl-β-DMannosamine N-乙酰-β-D-甘露糖胺 | N-Acetyl-D-Galactosamine N-乙酰-D-半乳糖胺 | N-Acetyl NeuraminicAcid N-乙酰神经氨酸 | 1% NaCl | 4% NaCl | 8% NaCl |
| C | α-D-Glucose α-D-葡萄糖 | D-Mannose D-甘露糖 | D-Fructose D-果糖 | D-Galactose D-半乳糖 | 3-Methyl Glucose 3-甲基葡萄糖 | D-Fucose D-岩藻糖 | L-Fucose L-果糖 | L-Rhamnose L-鼠李糖 | Inosine 肌苷 | 1% Sodium Lactate 乳酸钠 | Fusidic Acid 核链孢酸 | D-Serine D-丝氨酸 |
| D | D-Sorbitol D-山梨醇 | D-Mannitol D-甘露醇 | D-Arabitol D-阿拉伯醇 | myo-Inositol 肌醇 | Glycerol 甘油 | D-Glucose-6-PO4 D-葡萄糖-6-磷酸 | D-Fructose-6-PO4 D-果糖-6-磷酸 | D-Aspartic Acid D-天冬氨酸 | D-Serine D-丝氨酸 | Troleandomycin 醋竹桃霉素 | Rifamycin SV 利福霉素 SV | Mimocycline 二甲胺四环素 |
| E | Gelatin 明胶 | Glycyl-L-Proline 氨基乙酰L-脯氨酸 | L-Alanine L-丙氨酸 | L-Arginine L-精氨酸 | L-Aspartic Acid L-天冬氨酸 | L-Glutamic Acid L-谷氨酸 | L-Histidine L-组氨酸 | L-Pyroglutamic Acid L-焦谷氨酸 | L-Serine L-丝氨酸 | Lincomycin 林肯霉素,洁霉素 | Guanidine HCl 盐酸胍 | Niaproof 4 硫酸四癸钠 |
| F | Pectin 果胶 | D-Galacturonic Acid D-半乳糖醛酸 | L-Galactonic Acid Lactone L-半乳糖酸内酯 | D-Gluconic Acid D-葡糖酸 | D-Glucuronic Acid D-葡糖醛酸 | Glucuronamide 葡糖醛酰胺 | Mucic Acid 粘酸;粘液酸 | Quinic Acid 奎宁酸 | D-Saccharic Acid 糖质酸 | Vancomycin 万古霉素 | Tetrazolium Violet 四唑紫 | Tetrazolium Blue 四唑蓝 |
| G | p-Hydroxy-Phenylacetic Acid p-羟基-苯乙酸 | Methyl Pyruvate 丙酮酸甲酯 | D-Lactic Acid Methyl Ester D-乳酸甲酯 | L-Lactic Acid L-乳酸 | Citric Acid 柠檬酸 | α-Keto-Glutaric Acid α-酮-戊二酸 | D-Malic Acid D-苹果酸 | L-Malic Acid L-苹果酸 | Bromo-Succinic Acid 溴-丁二酸 | Nalidixic Acid 萘啶酮酸 | Lithium Chloride 氯化锂 | Potassium Tellurite 亚碲酸钾 |
| H | Tween 40 吐温 40 | γ-Amino-Butyric Acid γ-氨基-丁酸 | α-Hydroxy-Butyric Acid α-羟基-丁酸 | β-Hydroxy-D,L Butyric Acid β-羟基-D,L丁酸 | α-Keto-Butyric Acid α-酮-丁酸 | Acetoacetic Acid 乙酰乙酸 | Propionic Acid 丙酸 | Acetic Acid 乙酸 | Formic Acid 甲酸 | Aztreonam 氨曲南 | Sodium Butyrate 丁酸钠 | Sodium Bromate 溴酸钠 |

微生物应该是新鲜的,确保其处于指数增长期,这是因为一些菌株在达到稳定期时会失去生存能力或代谢活性,所以推荐的培养周期为 4 ~ 24 h。如果单个平板扩大培养的量不足以配制相应的浊度,可以培养多个平板或将培养时间延长到 48 h。不同接种液的选择见表 5.2。具体的实验流程如图 5.1 所示,对于未知菌种推荐 A 实验流程,如果鉴定板的 A1 孔出现假阳性就选择 B 流程,对于一些微好氧菌和苛生菌等细菌,在 A 条件下鉴定板有很少的阳性反应,需要选择 C1 或 C2 流程。

表 5.2　GENⅢ 鉴定板接种液的选择

| 实验流程 | 接种液 | 细胞密度 | 菌种 |
|---|---|---|---|
| A | A | 90% ~98%T | 几乎所有的微生物,默认方案 |
| B | B | 90% ~98%T | 具有强的还原性和产荚膜的 GN（如 *Aeromonas*，*Vibrio*）和 GP（如 *Bacillus*，*Aneurinibacillus*，*Brevibacillus*，*Lysinibacillus*，*Paenibacillus* 和 *Virgibacillus*） |
| C1 | C | 90% ~98%T | 微需氧,嗜二氧化碳 GP（如 *Dolosicoccus*，*Dolisigranulum*，*Eremococcus*，*Gemella*，*Globicatella*，*Helcococcus*，*Ignavigranum*，*Lactobacillus*，*Weissella* 和一些 *Aerococcus*，*Arcanobacterium*，*Corynebacterium*，*Enterococcus sp*） |
| C2 | C | 62% ~68%T | 苛求的嗜二氧化碳的对氧敏感的 GN（如 *Actinobacillus*，*Aggregatibacter*，*Alysiella*，*Avibacterium*，*Bergeriella*，*Bordetella*，*Capnocytophaga*，*Cardiobacterium*，CDC Group DF−3，CDC Group DF−4，*Conchiformibius*，*Dysgonomonas*，*Eikenella*，*Francisella*，*Gallibacterium*，*Gardnerella*，*Haemophilus*，histophilus，*Kingella*，*Methylobacterella*，*Moraxella*，*Neisseria*，*Oligella*，*Ornithobacterium*，*Pasteurella*，*Simonsiella*，*Suttonella*，*Taylorella*）和 GP（*Actinomyces*，*Aerococcus*，*Alloiococcus*，*Arcanobacterium*，*Carnobacterium*，*Corynebacterium*，*Erysipelothrix*，*Granulicatella*，*Lactobacillus*，*Pediococcus* 和 *Tetragenococcus*） |

（3）首先确定浊度仪在没开启电源时,指针应指在 0%;如果没有,用螺丝刀调整。开启电源,取未开盖的、装有接种液的试管,擦干净管壁,放入浊度仪,指针应指在 100%,如果没有,旋动右方旋钮。要使用哪管接种液,就用相应的试管做 100% 校正,不要在浊度仪的光路中旋转试管。

按照下列步骤制备均匀的菌悬液:用接种液将棉签稍微浸湿,用棉签在菌落上面轻轻地滚动就可以将菌落取到接种液中,从而不会将培养基或其他营养物质带入接种液。先取单菌落,不够再取生长紧密的菌落。在试管内壁接种液液面的上方干燥部位,旋转挤压棉签,将棉签和管壁摩擦,尽量将菌落团分散。然后上下移动棉签,将分散的菌落和接种

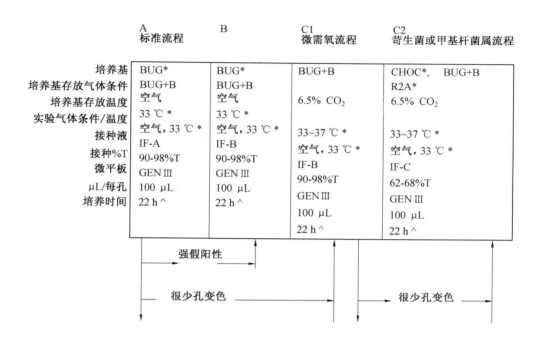

图 5.1　好氧细菌的实验流程

液充分混合形成均一、无菌团的菌悬液。如果菌悬液有菌团,可以静置 5 min 让菌团沉到管底。如果一些菌株用这样的方法难以制成均一的菌悬液,则需要利用干管分散法。调整浊度直至达到允许的范围,增加接种液或添加菌落可以降低或升高菌悬液的密度。将菌悬液接种到鉴定板上,不要超过 20 min。如果在接种液中放置时间过长,一些菌会失去代谢活性。

(4)将鉴定板编上相应的号码。把菌悬液倒入储液槽,但不要全部倒入,因为试管底部可能有未分散的菌团。每孔加入 100 μL 菌悬液,将移液器头安放到移液器上,必要时可以用手加固,以免造成上方漏气。吸取菌悬液,观察每个移液器头中的液面是否一致,如果不一致,放出菌悬液,加固移液器头。加完菌悬液后,盖上盖子。

(5)根据所鉴定的菌株种类选择合适的培养环境。准备一个塑料容器,在底部铺上湿纸巾或浸湿的滤纸,把鉴定板放在上面,目的是防止鉴定板外缘孔水分的蒸发。对于革兰氏菌,鉴定板培养 4～6 h 可以进行一次读数,过夜培养(16～24 h)可再进行一次读数。

(6)利用 Microstation 软件读取鉴定板的数据。每个孔的颜色密度都参考阴性对照孔 A-1,把和 A-1 相似的孔划为阴性反应(-),所有具有明显紫色(和 A-1 相比)的孔都划为阳性孔(+),具有微弱颜色或紫色斑点结块的孔都划为边界值(\\)。大多数菌都会形成明显的深紫色阳性反应,然而某些属的阳性反应为浅紫色也是正常的。具体仪器如下:

开机(建议预热 30 min)→开电脑→点击 ML-3-5.1

↓

点击 Set up

↓

点击 Initialize Reader,显示 Ready 即可

↓

点击 Read,read set up 中可选择文件保存位置

↓

点击 read new plate(填入相应的参数选项(如:鉴定板号码,鉴定板类型,参数规程,培养时间)。在仪器中放入鉴定板(拿下盖子)

↓

点击紫色 Read,就开始读鉴定板。→显示鉴定结果

假阳性反应是指在 A-1 或其他阴性孔里出现明显阳性反应。这种现象主要是由于某些细菌(会存在于 *Klebsiella*、*Enterobacter*、*Serratia*、*Salmonella typhimurium* 和少部分 GN-NENT 菌株)利用自身的胞外多聚糖引起的。如果出现这种现象,该菌株应该按照 B 流程的程序重新测定。一些菌株会出现浅紫色的假阳性,这种假阳性不会影响鉴定结果,因为真正的阳性反应是可以辨别出来的。

鉴定的时候最好在 4~6 h 读一次数据,许多革兰氏阴性菌在 4~6 h 就能显示明显的阳性反应,可以快速地鉴定出结果。一些生长缓慢的革兰氏阴性菌需要过夜培养才能得到合适的阳性反应,并在 16~24 h 培养后读取结果。读取鉴定板时,可把板盖取下来,读取完毕后再盖上。

对于在 4 h 时读取的结果,SIM 值必需 ≥0.75 才是可以接受的结果。在 8~48 h 培养后读取结果时,SIM 值必需 ≥0.5 才是可以接受的结果。对于任何鉴定结果为 *Salmonella*、*Shigella*、*E. coli* O157∶H7 和 *Neisseria gonorrhoeae* 时,应该用血清学方法进行最终的确认。对于疑似危险致病菌的菌株,在鉴定的时候应该做好防护措施和最终的确认试验。

### 5.1.6 注意事项

为了得到准确和可重复的结果,务必注意下列事项。

(1)所要进行鉴定的微生物必须是纯种,此系统不是为在混合菌群中鉴定单一菌种而设计的。

(2)在鉴定之前,选择合适的培养基和进行适量的传代培养是非常重要的。在接种之前,许多菌种会因为培养条件的不同而产生不同的代谢模式。

（3）在操作过程中必须使用无菌器材和进行无菌操作,杂菌的污染会干扰结果。

（4）大多数消耗品为一次性使用,重复使用的如试管、移液器枪头,必须将附着的去污剂清洗干净,否则残留的清洁剂会影响鉴定结果。

（5）在将菌悬液接种到鉴定板之前,应把鉴定板和接种液拿出冰箱,让鉴定板和接种液恢复到常温。因为有些菌种（如 *Neisseria*）对温度的快速变化很敏感。

（6）仔细校正浊度计,接种菌悬液的浊度应在规定的范围内。

（7）鉴定板中包含多种对温度和光照敏感的物质,如果个别孔出现棕黑色,说明碳源已经被降解。有时候,在保质期内或超过保质期不长的时间里,个别孔会出现黄色或粉红色,这是正常的。

（8）Biolog 的检测原理是基于测试活菌的代谢特性。一些菌即使在很短的时间里遭受温度、pH 值和渗透压的影响也会丧失代谢活性。所以为了获得良好的鉴定结果必须确保菌种为活菌,操作要小心。

（9）为了延长鉴定板的保质期限,应在 2 ~ 8 ℃的条件下避光保存,鉴定板的过期时间打印在 EXP. 后面。接种液也应在 2 ~ 8 ℃的条件下避光保存。

### 5.1.7　异常情况的解决

如果在使用 GENIII 鉴定板时出现异常结果,请仔细阅读本鉴定板的操作程序,确认是否偏离了推荐的操作步骤,然后参考以下解决办法:

（1）如果鉴定板所有的孔都呈阳性,请确认:

①在挑取菌落的时候是否将培养基的营养物质带入了接种液。

②制备的菌悬液是否没有菌块。

③A-1 孔是否加液过少,该孔作为阴性对照孔。

（2）如果鉴定板所有的孔都呈阴性,请确认:

①所鉴定的菌株是否为新鲜的、生长的,并且在扩大培养时用的是否为推荐培养基。

②所使用的培养温度和其他条件是否适合该类菌种。

③接种液和鉴定板使用前温度是否恢复到 25 ℃。

④制备的菌悬液浊度是否超过规定值,并及时校正浊度仪。

⑤A-1 孔是否加液过多,该孔作为阴性对照孔。

## 5.2　Biolog AN 微生物鉴定板

### 5.2.1　用途

AN 鉴定板提供了用于鉴定一大类严格厌氧菌和微好氧细菌的标准化的 95 种反应。Biolog 的 MicroLog1、MicroLog 2、MicroLog 3 或 OmniLog 软件根据 AN 鉴定板的代谢模式对该种微生物进行鉴定。

## 5.2.2 原理

与 Biolog GEN Ⅲ(GN/GP)原理基本相同,具体见 5.1.2 节。

## 5.2.3 所需器材和消耗品

**1. BUA 培养基**

(1)取一个容器,按量称取 BUA 培养基,如需配制 1 000 mL 培养基,材料如下:51.7 g BUA 琼脂培养基,950 mL 纯净水、蒸馏水或去离子水。

(2)用无氧的氮气吹洗下,轻微煮沸,搅拌以溶解琼脂和其他组分。

(3)冷却后调整 pH 值至 7.2 ±0.1(25 ℃)。

(4)121 ℃灭菌 15 min。注意盖紧瓶盖,防止氧气进入。

(5)在无氧的氮气保护下,冷却至 45 ~ 50 ℃。

(6)在厌氧环境中倒平板。

**2. BUA+B 培养基**

(1)取一个容器,按量称取 BUA 培养基,如需配制 1000 mL 培养基,材料如下:51.7 g BUA 琼脂培养基,950 mL 纯净水、蒸馏水或去离子水。

(2)用无氧的氮气吹洗下,轻微煮沸,搅拌以溶解琼脂和其他组分。

(3)冷却后调整 pH 值至 7.2 ±0.1(25 ℃)。

(4)121 ℃灭菌 15 min。注意盖紧瓶盖,防止氧气进入。

(5)在无氧的氮气保护下,冷却至 45 ~ 50 ℃。

(6)加 50 mL 新鲜的脱纤羊血,摇匀。

(7)在厌氧环境中倒平板。

**3. 接种液(AN-IF)**

(1)在 1 L 的耐热玻璃容器中加入 750 mL 纯净水,然后加入下列试剂:3.0 g NaCl,0.63 g $NaHCO_3$,0.225 g 聚醚 F-68(Pluronic F-68)(一种非离子表面活性剂,可降低表面张力,使菌体易于分散在水中),0.15 g 植物凝胶。

(2)将玻璃容器放在加热板上,盖子稍微旋松并开始低速磁力搅拌。开启加热开关,加热使溶液沸腾,溶液会变得澄清。再加热至完全沸腾,直到泡沫上升到瓶颈。

(3)旋紧盖子,将容器从加热板上移走,立即放到高压灭菌器中灭菌 30 min。

(4)当高压灭菌器冷却到 80 ~ 90 ℃时,打开高压灭菌器再次旋紧盖子。然后马上将玻璃容器放入厌氧培养箱。

(5)在厌氧培养箱中,旋开盖子。用和泵相连的移液管将培养箱中的气体泵入溶液中吹洗溶液,直到形成的泡沫到达玻璃容器颈部(或约 20 min)。

(6)向容器中加入 1.125 mL 质量浓度为 10 g/L 的巯基乙酸钠(Na-thioglycolate)溶

液,混合均匀。盖上盖子(稍微有点松),过夜冷却。

(7)第二天向玻璃容器中加入 0.375 mL 质量浓度为 1.5 g/L 的亚甲基绿(Methylene green),加入前溶液必须为常温,混合均匀,观察容器,溶液呈蓝绿色。在 1 d 内,蓝绿色会还原成无色,如果 48 h 后溶液还没有澄清,向溶液中再加入 0.1 mL 质量浓度为 10 g/L 的巯基乙酸钠溶液(如果需要可以重复再加入,但不能超过 0.5 mL)。丢弃不能还原成澄清的溶液。

(8)所有的试管和盖子、移液管和移液器在使用之前应提前 48 h 放入厌氧培养箱,以便除去残留氧气。

(9)利用移液器或连续注射器在每个无菌玻璃试管(20 mm×113 mm)中加入 14 mL 接种液,旋紧盖子。

(10)把装有接种液的试管保存在厌氧培养箱或厌氧罐里,不能直接保存在有氧气的环境中。

**4. 其他**

1 mg 卡那霉素盘、巯基乙酸钠、长棉签、接种棒、储液槽、八道移液器、移液器头、浊度仪、浊度标准品、控温厌氧培养箱、厌氧产气袋、厌氧罐和相应的鉴定板。实验所用的接种液、巯基乙酸钠、水杨酸钠可由实验人员自行配制,接种棒、储液槽、移液器头可选用国产品牌。在使用鉴定板和接种液之前都应该使其温度恢复到 25 ℃。

## 5.2.4　AN 鉴定板

AN 板碳源分布见表 5.3。

## 5.2.5　鉴定步骤

(1)用配制的琼脂培养基对需要鉴定的菌株进行分离纯化,为了保证纯化的效果,最好进行两次以上的划线分离,取单菌落纯化。如果菌株为冻干或冷冻样品,需要传代培养 2 ~ 3 代,让菌株恢复活力。

(2)对纯化好的菌株做革兰氏染色,确定菌株革兰氏染色的阴阳性。观察菌落外部形态或用显微镜观察菌株形态,确定是球菌还是杆菌,把所鉴定的菌株划分到革兰氏阴性球菌(GNC)、革兰氏阴性杆菌(GNR)、革兰氏阳性球菌(GNC)或革兰氏阳性杆菌,这样划分有助于将所鉴定的菌株和合适的数据库进行对比。

菌株应该是新鲜的,确保其处于指数增长期,因为一些菌株在达到稳定期时会失去生存能力或代谢活性,推荐的培养周期为 24 ~ 48 h。

厌氧细菌在扩大培养前最好用 Biolog AN 推荐的培养基(BUA+B 培养基)和培养条件(26 ℃、30 ℃或 35 ~ 37 ℃)传代两次,以便使微生物的代谢活性恢复到最佳,进而准确地和数据库中的代谢模式匹配。所有的待鉴定菌株在厌氧条件环境中用 BUA+B 培养基培养,大多数的情况下培养温度是 35 ~ 37 ℃,只有少量种类需要在 30 ℃(如:*Lactobacillus malefermentans*, *Pectinatus cerevisiiphilus* 和 *frisingensis*, *Tetragenococcus halophilus*, *Zymomonas*

表 5.3　AN 板碳源分布

| | 1 | 2 | 3 | 4 | 5 | 6 | 7 | 8 | 9 | 10 | 11 | 12 |
|---|---|---|---|---|---|---|---|---|---|---|---|---|
| **A** | A1 Water 水 | A2 N-Acetyl-D-Galactosamine N-乙酰基-D半乳糖胺 | A3 N-Acetyl-D-Glucosamine N-乙酰基-D-葡萄糖胺 | A4 N-Acetyl-β-D-Mannosamine N-乙酰基-β-D-甘露糖胺 | A5 Adonitol 苷露糖胺 | A6 Amygdalin 杏苷 | A7 D-Arabitol D-阿拉伯糖醇 | A8 Arbutin 熊果苷 | A9 D-Cellobiose D-纤维二糖 | A10 a-Cyclodextrin a-环式糊精 | A11 β-Cyclodextrin β-环式糊精 | A12 Dextrin 糊精 |
| **B** | B1 Dulcitol 己六醇 | B2 i-Erythritol i-赤藓糖醇 | B3 D-Fructose D-果糖 | B4 L-Fucose L-海藻糖 | B5 D-Galactose D-半乳糖 | B6 D-Galacturonic Acid D-半乳糖醛酸 | B7 Gentiobiose 龙胆二糖 | B8 D-Gluconic Acid D-葡萄糖酸 | B9 D-Glucosaminic Acid D-氨基葡萄糖酸 | B10 a-D-Glucose a-D-葡萄糖 | B11 Glucose-1-Phosphate 葡萄糖-1-磷酸盐 | B12 Glucose-6-Phosphate 葡萄糖-6-磷酸盐 |
| **C** | C1 Glycerol 甘油 | C2 D,L-a-Glycerol Phosphate D,L-a-丙三醇磷酸盐 | C3 m-Inositol m-纤维醇 | C4 a-D-Lactose a-D-乳糖 | C5 Lactulose 乳果糖 | C6 Maltose 麦芽糖 | C7 Maltotriose 麦芽三糖 | C8 D-Mannitol D-甘露醇 | C9 D-Mannose D-甘露糖 | C10 D-Melezitose D-松三糖 | C11 D-Melibiose D-蜜二糖 | C12 3-Methyl-D-Glucose 3-甲基-D-葡萄糖 |
| **D** | D1 a-Methyl-D-Galactoside a-甲基-D-半乳糖苷 | D2 β-Methyl-D-Galactoside β-甲基-D-葡萄糖 | D3 a-Methyl-D-Glucoside a-甲基-D-葡萄糖苷 | D4 β-Methyl-D-Glucoside β-甲基-D-葡萄糖苷 | D5 Palatinose 6-O-D-吡喃葡萄糖酰-D-吡喃果糖 | D6 D-Raffinose D-蜜三糖 | D7 L-Rhamnose L-李鼠糖 | D8 Salicin 水苷场 | D9 D-Sorbitol D-山梨醇 | D10 Stachyose 水苏四糖 | D11 Sucrose 庶糖 | D12 D-Trehalose D-海藻糖 |
| **E** | E1 Turanose 松二糖 | E2 Acetic Acid 乙酸 | E3 Formic Acid 蚁酸 | E4 Fumaric Acid 反丁烯二酸 | E5 Glyoxylic Acid 乙醛酸 | E6 a-Hydroxy-butyric Acid a-羟基丁酸 | E7 β-Hydroxy-butyric Acid β-羟基丁酸 | E8 Itaconic Acid 衣康酸 | E9 a-Ketobutyric Acid a-丁酮酸 | E10 a-Ketovaleric Acid a-酮戊酸 | E11 D,L-Lactic Acid D,L乳酸 | E12 L-Lactic Acid L-乳酸 |
| **F** | F1 D-Lactic Acid Methyl Ester D-甲酯乳酸 | F2 D-Malic Acid D-苹果酸 | F3 L-Malic Acid L-苹果酸 | F4 Propionic Acid 丙酸 | F5 Pyruvic Acid 丙酮腈酸 | F6 Pyruvic Acid Methyl Ester 甲酯丙酸 | F7 D-Saccharic Acid D-葡糖二酸 | F8 Succinamic Acid 琥珀酰胺酸 | F9 Succinic Acid a-琥珀酸 | F10 Succinic Acid Mono-Methyl Ester 琥珀酸甲酯 | F11 m-Tartaric Acid m-酒石酸 | F12 Urocanic Acid 尿刊酸 |
| **G** | G1 L-Alaninamide 丙胺酸胺 | G2 L-Alanine L-丙胺酸 | G3 L-Alanyl-L-Glutamine L-丙氨酰-L-谷氨酸 | G4 L-Alanyl-L-histidine L-丙氨基-组氨酸 | G5 L-Alanyl-L-Threonine L-丙氨酰-L-苏氨酸 | G6 L-Asparagine L-天冬酰胺酸 | G7 L-Glutamic Acid L-谷氨酸 | G8 L-Glutamine L-谷氨酸盐 | G9 Glycyl-L-Aspartic Acid 甘氨酰-L-谷氨酸 | G10 Glycyl-L-Glutamine 甘氨酰-L-胺 | G11 Glycyl-L-methionine 甘氨酰-L-甲硫氨酸 | G12 Glycyl-L-Proline 甘氨酰脯氨酸 |
| **H** | H1 L-Methionine L-甲硫氨酸 | H2 L-Phenylalanine L-苯基丙氨酸 | H3 L-Serine L 丝氨酸 | H4 L-Threonine L-苏氨酸 | H5 L-Valine L-缬氨酸 | H6 L-Valine plus L-Aspartic Acid L-缬氨酸+ L-天门冬氨酸 | H7 2'-Deoxy Adenosine 2'-脱氧腺苷 | H8 Inosine 肌苷 | H9 Thymidine 胸苷 | H10 Uridine 尿苷 | H11 Thymidine-5'-Monophosphate 胸苷-5'-磷酸盐 | H12 Uridine-5'-Monophosphate 尿苷-5'-磷酸盐 |

*mobilis*, *Zymophilus raffinosivorans* 和 *paucivorans*）和 26 ℃（如：*Lactobacillus collinoides* 和 *hilgardii*, *Leuconostoc gelidum*）培养。

对于快速生长的革兰氏阴性杆菌，需要用 1 mg 卡那霉素片做药敏试验，如果菌株生长比较缓慢，扩大培养时可以适当增加培养平板的数量或加长扩大培养时间（如 24 ~ 72 h）。

（3）首先检查 AN-IF 接种液是否是厌氧状态，接种液含有亚甲基绿作为厌氧状态的指示剂。如果是厌氧状态，指示剂是无色的；如果被氧化了，指示剂会变成淡蓝绿色，接种液应该停止使用。

确定浊度仪在没开启电源的时候，指针应指在 0%，如果没有，用螺丝刀调整。开启电源，取未开盖的装有接种液的试管，擦干净管壁，放入浊度仪，指针应指在 100%，如果没有，旋动右方旋钮。然后用浊度标准管（AN）检验，读数在 65% ±2% 都是正常的。要使用哪管接种液，就用相应的试管做 100% 校正，不要在浊度仪的光路中旋转试管。如果使用非 Biolog 的浊度计，读数可能会有很大误差。

如果一次要接种多个鉴定板，建议在厌氧培养箱里制备菌悬液；如果一次接种少量鉴定板，可以在有氧条件下制备菌悬液并快速接种，所有的菌悬液应该在 5 min 内制备完毕。因此，一次制备菌悬液的试管数量不超过 6 h 得到的结果是最好的。

按照下列步骤制备均匀的菌悬液：用接种液将棉签稍微浸湿，用棉签在菌落上面轻轻地滚动就可以将菌落取到接种液中，从而不会将培养基或其他营养物质带入接种液。先取单菌落，不够再取生长紧密的菌落。在试管内壁接种液液面的上方干燥部位，旋转挤压棉签，将棉签和管壁摩擦，尽量将菌落团分散。然后上下移动棉签，将分散的菌落和接种液充分混合形成均一、无菌团的菌悬液。如果菌悬液有菌团，可以静置 5 min 让菌团沉到管底。如果一些菌株用这样的方法难以制成均一的菌悬液，需要利用干管分散法。调整浊度直至达到允许的范围，增加接种液或添加菌落可以降低或升高菌悬液的密度。迅速将接种液接种到鉴定板上，如果菌在接种液中放置时间过长，一些菌会失去代谢活性。

（4）这一步必须在有氧条件下快速操作。对于具有卡那霉素抗性的快速生长的革兰氏阴性杆菌，如果过夜培养已经足够制备菌悬液，需要在接种鉴定板之前将包装打开使鉴定板在空气中暴露 20 min；对于其他厌氧菌，制备好接种液后打开鉴定板包装立即接种，时间不超过 5 min。

将鉴定板编上相应的号码。把菌悬液倒入储液槽，但不要全部倒入，因为试管底部可能有未分散的菌团。选择移液器程序 3（每孔加入 100 μL 菌悬液），将移液器头安放到移液器上，必要时可以用手加固，以免造成上方漏气。吸取菌悬液，观察每个移液器头中的液面是否一致，如果不一致，放出菌悬液，加固移液器头。不要将移液器吸头插到孔底，以免将代谢底物交叉污染。加完菌悬液后，盖上盖子，将鉴定板在有氧条件下静置 10 ~ 15 min 后再放到厌氧环境里进行培养。

（5）根据所鉴定的菌株种类选择合适的培养环境。准备一个塑料容器，在底部铺上湿纸巾或浸湿的滤纸，把鉴定板放在上面，目的是防止鉴定板外缘孔水分的蒸发。鉴定板的培养环境最好是用厌氧产气袋形成的无氢气的培养罐,用刃天青而不是亚甲基绿作为厌氧环境的指示剂。最好不要使用厌氧培养箱培养鉴定板,因为有些厌氧菌具有很强的氢化酶活性,能还原鉴定板内的显色物质使所有孔都呈紫色,鉴定板培养 16~24 h 就可以进行读数。

(6)利用 Microstation 软件读取鉴定板的数据。每个孔的颜色密度都参考阴性对照孔 A-1,把和 A-1 相似的孔划为阴性反应(-),所有具有明显紫色(和 A-1 相比)的孔都划为阳性孔(+),具有微弱颜色或紫色斑点结块的孔都划为边界值(\\)。

大多数菌都会形成明显的深紫色阳性反应,某些属的阳性反应为浅紫色也是正常的(如 *Clostridium*,*Eubacterium*,*Fusobacterium*,*Prevotella* 和 *Porphyromonas*)。

假阳性反应是指在 A-1 或其他阴性孔里出现明显阳性反应。这种现象主要是因为菌悬液还原了显色物质,这在某些属能遇到这种情况(如 *Actinomyces*,*Bacteroides* 和 *Propionibacterium*)。一些菌株会出现浅紫色的假阳性,这种假阳性不会影响鉴定结果,因为真正的阳性反应是可以辨别出来的。如果菌株产生了很强的背景颜色,不能确定哪个孔是阳性,重复实验并在接种之前将鉴定板在空气中暴露 20 min。当读取结果在 16~24 h 期间,SIM 值大于 0.5 时,结果才可信。

### 5.2.6　注意事项

与 Biolog GENⅢ(GN/GP)的注意事项基本相同,具体见 5.1.6 节。

### 5.2.7　异常情况的解决

如果在使用 AN 鉴定板时出现异常结果时,请仔细阅读 Biolog AN 微生物鉴定板的操作程序,确认是否偏离了推荐的操作步骤,然后参考以下解决办法。

(1)如果鉴定板所有的孔都呈阳性,请确认:

①培养鉴定板的环境是否是无氢气的环境。

②配制接种液和制备菌悬液是否正确,过多的加入巯基乙酸钠会引起认为的阳性结果。

③在挑取菌落的时候是否将培养基的营养物质带入了接种液。

④接种到鉴定板的菌悬液是否无菌块。

⑤制备的菌悬液浊度是否未超过规定值,并及时校正浊度仪。

⑥在接种到鉴定板之前是否让鉴定板暴露在有氧环境持续 10~15 min。

⑦A-1 孔是否加液过少,该孔作为阴性对照孔。

⑧确认卡那霉素药敏实验,菌株是否是快速生长的革兰氏阴性杆菌。

(2)如果鉴定板所有的孔都呈阴性,请确认:

①鉴定板包装是否完好,内包装有吸氧剂,所以包装整体应近似真空包装。

②菌株是否为新鲜培养,所用培养基是否为 BUA+B 培养基。

③打开接种液试管之前内部是否为厌氧状态,亚甲基蓝指示是否为无色。

④接种液使用之前温度是否恢复到 25 ℃,配制方法是否正确,pH 和盐度是否准确,所用器材是否不包含防腐剂或清洗剂残留。

⑤制备的菌悬液浊度是否足够,并及时校正了浊度仪。

⑥在接种的时候,将接种液暴露在空气中的时间是否超过 20 min。

⑦鉴定板的培养环境是否为厌氧环境,使用的培养温度和其他条件是否适合该类菌种。

⑧所鉴定的菌株是否为新鲜生长的,并且在扩大培养时用的是否为推荐培养基。

⑨A-1 孔有没有加液过多,该孔作为阴性对照孔。

### 5.2.8　质量控制

Biolog AN 鉴定板在出厂之前经过严格的测试,满足内部质量控制标准。然而当一些实验需要或者必需进行单独的质量控制时,为了检测 AN 鉴定板的性能,可以使用下列四种革兰氏阴性标准菌株:

（1）*Bifidobacterium breve* ATCC 15700

（2）*Clostridium sordellii* ATCC 9714

（3）*Lactobacillus casei* ATCC 393

（4）*Micromonas micros* ATCC 33270

按照前面的鉴定步骤操作,当菌种是冻干或冷冻保存时,扩大培养之前必须至少传代 2 次。鉴定结果应该和标准菌株一致。

### 5.2.9　性能特点和局限性

与 Biolog AN 鉴定板的性能特点和局限性与 Biolog GENⅢ（GN/GP）基本相同,具体见 5.1.9 节。

## 5.3　Biolog FF 微生物鉴定板

### 5.3.1　用途

FF 鉴定板提供了标准化的 95 种反应用于鉴定一大类真菌,包括丝状真菌和部分酵母。Biolog 的 MicroStation 软件根据 FF 鉴定板的代谢模式对微生物进行鉴定。在琼脂斜面上存放过久或转化次数过多,可能会导致菌株表型退化,丧失特异的生化反应特征。

### 5.3.2　原理

Biolog FF 微生物鉴定板的原理也是检测微生物利用或氧化预先选择好的不同碳源的能力。该检测产生了红橙色孔和孔内浊度变化的特征模式,该模式构成了微生物利用不同碳源的代谢指纹。所有必需的营养物质和生化试剂都预先加入并冻干在各个孔内,碘硝基四唑紫（Iodonitrotetrazolium）作为氧化还原染料在颜色上指示线粒体的活性,此活性是由某些碳源的氧化而刺激的。整个鉴定过程非常简单。将需要鉴定的菌株放在固体培养基上生长,然后在推荐的浓度下用特殊的接种液(FF-IF)制成菌悬液。菌悬液(内含孢子和菌丝体碎片)以每孔100 μL了接种到鉴定板上,接种的时候所有的孔都是无色的。在培养期间,在一些孔(阳性孔)里微生物利用相应的碳源进行代谢,会发生下列一种或两种变化:①线粒体呼吸增强,使得该孔呈现红橙色,在490 nm下光密度上升;②盖孔真菌生长加快,使得浊度增加,进而在490 nm和750 nm下光密度增加。A-1不含碳源,作为颜色和浊度的对照孔。鉴定板需要培养1~4 d,让微生物充分的利用碳源,以形成稳定的碳源代谢指纹。颜色和浊度变化模式使用Biolog Micro Station读数仪读数,对颜色和浊度反应进行检测和定量,软件自动将鉴定板的数据和数据库进行对比,得出和数据库中最相似的菌株名称。

### 5.3.3 所需器材和消耗品

**1. 质量浓度为20 g/L的麦芽膏琼脂培养基**

(1)取一个容器,如需配制培养基,材料如下:20 g Oxoid麦芽抽提物,18 g优质琼脂,纯净水、蒸馏水或去离子水。

(2)煮沸溶解。

(3)冷却后调整pH值至5.5±0.2(25 ℃)。

(4)121 ℃灭菌15 min。

(5)冷却至45~50 ℃。

(6)倒平板。

**2. 接种液(FF-IF)**

(1)配方:体积分数为3%的吐温40,体积分数为25%的结冷胶。

(2)制备过程如下:将1 L水加热至沸腾,加2.5 g结冷胶和0.3 g吐温40,搅拌,停止加热,继续搅拌至完全溶解,溶解呈透明状,分装到20 mm×150 mm的试管中,每管装16 mL左右。在121 ℃下灭菌30 min,备用。

**3. 其他**

长棉签、接种棒、储液槽、八道移液器、移液器头、浊度仪、浊度标准品、控温培养箱、FF鉴定板和备用鉴定板盖。实验所需接种液可由用户自行配制,移液器头、接种棒、储液槽可选用国产品牌。接种液使用前应轻轻地将其中的胶凝剂混匀,在使用鉴定板和接种液之前都应该使其温度恢复到25 ℃。

### 5.3.4 FF鉴定板

FF板碳源分布见表5.4。

表 5.4　FF 板碳源分布

| | 1 | 2 | 3 | 4 | 5 | 6 | 7 | 8 | 9 | 10 | 11 | 12 |
|---|---|---|---|---|---|---|---|---|---|---|---|---|
| **A** | A1 Water 水 | A2 Tween 80 吐温80 | A3 N-Acetyl-D-Galactosamine N-乙酰基D-半乳糖胺 | A4 N-Acetyl-β-D-Glucosamine N-乙酰基-β-D-葡萄糖胺 | A5 N-Acetyl-β-D-Mannosamine N-乙酰胺-β-D-甘露糖胺 | A6 Adonitol 核糖醇 | A7 Amygdalin 杏苷 | A8 D-Arabinose D-阿拉伯糖 | A9 L-Arabinose L-阿拉伯糖 | A10 D-Arabitol D-阿拉伯醇 | A11 Arbutin 熊果苷 | A12 D-Cellobiose D-纤维二糖 |
| **B** | B1 a-Cyclodextrin a-环式糊精 | B2 β-Cyclodextrin β-环式糊精 | B3 Dextrin 糊精 | B4 i-Erythritol 赤藓糖醇 | B5 D-Fructose D果糖 | B6 L-Fucose L-海藻糖 | B7 D-Galactose D-半乳糖 | B8 D-Galacturonic Acid D-半乳糖醛酸 | B9 Gentiobiose 龙胆二糖 | B10 D-Gluconic Acid D-葡萄糖酸 | B11 D-Glucosamine D-葡萄糖胺 | B12 a-D-Glucose a-D-葡萄糖 |
| **C** | C1 a-D-Glucose-1-Phosphate a-D-葡萄糖-1-磷酸本盐 | C2 Glucuronamide 葡萄醛酰胺 | C3 D-Glucuronic Acid D-葡萄糖醛酸 | C4 Glycerol 丙三醇 | C5 Glycogen 肝糖 | C6 m-Inositol m肌醇 | C7 2-Keto-D-Gluconic Acid 2-酮基-D-葡萄糖酸 | C8 a-D-Lactose a-D-乳糖 | C9 Lactulose 乳果糖 | C10 Maltitol 麦芽糖醇 | C11 Maltose 麦芽糖 | C12 Maltotriose 麦芽三糖 |
| **D** | D1 D-Mannitol D-甘露醇 | D2 D-Mannose D-甘露糖 | D3 D-Melezitose D-松三糖 | D4 D-Melibiose D-蜜二糖 | D5 a-Methyl-D-Galactoside a-甲基-D-半乳糖苷 | D6 β-Methyl-D-Galactoside β-甲基-D-半乳糖苷 | D7 a-Methyl-D-Glucoside a-甲基-D-葡萄糖苷 | D8 β-Methyl-D-Glucoside β-甲基-D-葡萄糖苷 | D9 Palatinose 6-O-D-吡喃葡萄糖酰-D-呋喃果糖 | D10 D-Psicose D-阿洛酮糖 | D11 D-Raffinose D-蜜三糖 | D12 L-Rhamnose L-鼠李糖 |
| **E** | E1 D-Ribose D-核糖 | E2 Salicin 水杨苷 | E3 Sedoheptulosan 景天庚酮聚糖 | E4 D-Sorbitol D-山梨醇 | E5 L-Sorbose L-山梨糖 | E6 Stachyose 水苏糖 | E7 Sucrose 蔗糖 | E8 D-Tagatose D-塔格糖 | E9 D-Trehalose D-海藻糖 | E10 Turanose 松二糖 | E11 Xylitol 木糖醇 | E12 D-Xylose D-木糖 |
| **F** | F1 γ-γ-Aminobutyric Acid γ-氨基丁酸 | F2 Bromosuccinic Acid 溴代琥珀酸 | F3 Fumaric Acid 反丁烯二酸 | F4 β-Hydroxybutyric Acid β-羟基丁酸 | F5 γ-Hydroxybutyric Acid γ-羟基丁酸 | F6 p-Hydroxy-phenylacetic Acid p-羟基苯乙酸 | F7 a-Ketoglutaric Acid a-酮戊二酸 | F8 D-Lactic Acid Methyl Ester D-乳酸甲基酯 | F9 L-Lactic Acid L-乳酸 | F10 D-Malic Acid D-苹果酸 | F11 L-Malic Acid L-苹果酸 | F12 Quinic Acid 奎尼酸 |
| **G** | G1 D-Saccharic Acid D-葡萄糖二酸 | G2 Sebacic Acid 癸二酸 | G3 Succinamic Acid 琥珀酸 | G4 Succinic Acid 琥珀酸 | G5 Succinic Acid Mono-Methyl Ester 琥珀酸甲基酯 | G6 N-Acetyl-L-Glutamic Acid 甲基酰-L-谷氨酸 | G7 L-Alaninamide L-丙氨酸酰胺 | G8 L-Alanine L-丙氨酸 | G9 L-Alanyl-Glycine L-丙氨酰甘氨基乙酸 | G10 L-Asparagine L-天冬酰胺 | G11 L-Aspartic Acid L-天冬氨酸 | G12 L-Glutamic Acid L-谷氨酸 |
| **H** | H1 Gcyyl-L-Glutamic Acid 甘氨酰-L-谷氨酸 | H2 L-Ornithine L-鸟氨酸 | H3 L-Phenylalanine L-苯丙氨酸 | H4 L-Proline L-脯氨酸 | H5 L-Pyroglutamic Acid 焦谷氨酸 | H6 L-Serine L-丝氨酸 | H7 L-Threonine L-苏氨酸 | H8 2-Aminoethanol 2-氨基乙醇 | H9 Putrescine 腐胺 | H10 Adenosine 腺苷 | H11 Uridine 尿苷 | H12 Adenosine-5'-Monophosphate 腺苷-5'-一磷酸盐 |

### 5.3.5  鉴定步骤

（1）用配制的质量浓度为 20 g/L 的麦芽膏琼脂培养基对需要鉴定的菌株进行分离纯化，为了保证纯化的效果，最好进行两次以上的划线分离。培养温度为菌株最适温度，通常为 20～26 ℃。如果菌株为冻干或冷冻样品，需要传代培养 2～3 代，让菌株恢复活力。

（2）在质量浓度为 20 g/L 的麦芽膏琼脂培养基上进行扩大培养（此培养基能除尽菌株形成孢子），在 26 ℃，自然光或近紫外光条件下进行培养 5～10 d 直到形成孢子。很多真菌在自然光下就能产生足够的孢子，而有的真菌（如植物致病真菌 *Fusarium*）需要在紫外灯下生长才能提高孢子形成能力。真菌数据库包含少量不常见的酵母，需要在质量浓度为 20 g/L 的麦芽膏琼脂培养基上培养 24～48 h。

（3）首先确定浊度仪在没开启电源时，指针指在 0%；如果没有，用螺丝刀调整。开启电源，取未开盖的装有接种液的试管，擦干净管壁，放入浊度仪，指针应指在 100%；如果没有，旋动右方旋钮。然后用浊度标准管（FF）检验，读数在 75%±2% 都是正常的。要使用哪管接种液，就用相应的试管做 100% 校正，不要在浊度仪的光路中旋转试管。

按照下列步骤制备均匀的菌悬液：在生物安全柜里，用棉签在菌落表面轻轻地滚动就可以将孢子或菌丝取到接种液中，从而不会将培养基或其他营养物质带入接种液。在试管内壁接种液液面的上方干燥部位，旋转挤压棉签，将棉签和管壁摩擦，尽量将孢子团或菌丝分散。然后上下移动棉签，将分散的孢子或菌丝和接种液充分混合形成均一、无结块的接种液。混合的时候动作应轻微，以免带入太多气泡进入接种液，影响读取浊度。如果接种液有结块或气泡，可以静置几分钟让结块沉到管底，气泡消散。

由于真菌接种液需要的浊度比较低，所以在调整时应注意，每次取的孢子或菌丝不要太多。制作好接种液后应该立即接种到鉴定板里面去，因为接种液放置时间过长，一些菌会失去代谢活性。

（4）将鉴定板编上相应的号码。把接种液倒入储液槽，不要全部倒入，因为试管底部可能有未分散的结块。选择移液器程序 3（每孔加入 100 μL 接种液），将移液器头安放到移液器上，必要时可以用手加固，以免造成上方漏气。吸取接种液时，观察每个移液器头中的液面是否一致，如果不一致，放出接种液，加固移液器头。加完接种液后，盖上盖子。

（5）根据所鉴定的菌株种类选择合适的培养环境，鉴定板培养温度为 26 ℃。准备一个干燥塑料容器，不要添加水，因为这样会导致菌丝体生长污染鉴定板外表。对于真菌，鉴定板培养 1～4 d，每隔 24 h 进行一次读数，对于耐高渗透压（*Osmophiles*，*xerophiles*）或生长比较缓慢的真菌，培养时间可以增加至 10 d。

（6）利用 Microstation 软件读取鉴定板的数据。鉴定板盖的水蒸气会干扰读数，建议更换备用鉴定板盖，也避免污染读数仪。读数仪自动进行双波长（490 nm 测定橙红色，750 nm 测定浊度）测定，软件根据阈值划分阴阳性反应。

某些真菌由于孢子或菌丝萌发，会出现 A-1 对照孔显色的现象，软件能容许这样的假阳性。大多数真菌都会形成明显的橙红色阳性反应,然而某些属的阳性反应为浅橙红色也是正常的。培养 1 d 后读取的结果,SIM 值≥0.9 才是可以接受的结果;培养 2 d 后读取的结果,SIM 值≥0.7 才是可以接受的结果;培养 3 d 后读取的结果,SIM 值≥0.65 才是可以接受的结果;培养 4 d 后读取的结果,SIM 值≥0.60 才是可以接受的结果。

数据库中食品(Food)和空气(Air)库分别包含常见的食品和空气传播真菌,如酵母、*Aspergillus*、*Penicillium* 和其他属。

通常在 4 d 之内,每天应该读取一次结果直到得到鉴定结果。耐高渗透压(*Osmophiles*, *xerophiles*)或生长比较缓慢的真菌,需要增加至第 7 d 读数。

如果读数后得到了鉴定结果,当数据库中有相应的宏观或微观图片时,需要将所鉴定菌株的图片和鉴定结果中排在第 1 位的结果进行对比,如果对比不上,依次和第 2、3 位的结果进行对比。如果在第 4 d 读数没有鉴定结果,需要将所鉴定菌株的图片和鉴定结果中排在前 3 位的结果进行对比。

鉴定未知菌株时,对应正确的数据库非常重要。如果分离的菌株来自空气样品,应该和空气库(Air)对比;同样,如果菌株来自食品样品,应该和食品(Food)库对比。

真菌库中还包含以属划分的库,当所鉴定菌株已经鉴定到属的水平时,可以选择对应的库,以属划分的库范围更广,包含许多不常见的食品空气真菌。

酵母接种液由于含有活性酵母菌细胞,所以在 24 h 就可能产生明显的反应模式;而丝状真菌接种液由于主要包含孢子和菌丝,需要萌发和生长才能产生明显的反应模式。孢子和菌丝萌发需要的时间是不定的,所以在 24 h 读数的时候变化很大,结果的可靠性也不高。

### 5.3.6 注意事项

与 Biolog GENⅢ(GN/GP)的注意事项基本相同,具体见 5.1.6 节。

### 5.3.7 异常情况的解决

如果在使用 FF 鉴定板时出现异常结果时,请仔细阅读其操作程序确认是否偏离了推荐的操作步骤,然后参考以下解决办法。

(1)如果鉴定板所有的孔都呈阳性,请确认:

①需要鉴定的微生物是否是真菌,非真菌污染可能会使所有孔呈阳性。

②在挑取菌落的时候是否将培养基的营养物质带入了接种液。

③制备的菌悬液有没有菌块。

④制备的菌悬液浊度有没有超过规定值,并是否及时了校正浊度仪。

⑤A-1 孔有没有加液过少,Micro Station 读数仪将该孔作为对照孔。

(2)如果鉴定板所有的孔都呈阴性,请确认:

①需要鉴定的微生物是否是真菌。

②所鉴定的菌株是否为新鲜的、生长的,并且在扩大培养时用的是否为推荐培养基。

③所使用的培养温度和其他条件是否适合该类菌种。

④接种液使用之前温度是否恢复到 25 ℃,配制方法是否正确,pH 值和盐度是否准确,是否不包含防腐剂。

⑤制备的菌悬液浊度有没有超过规定值,并是否及时校正了浊度仪。

⑥A-1 孔有没有加液过多,Micro Station 读数仪将该孔作为对照孔。

### 5.3.8　质量控制

Biolog FF 鉴定板在出厂之前要经过严格的测试,以满足内部质量控制标准。然而一些试验实需要或者必须进行单独的质量控制时,为了检测 FF 鉴定板的性能,可以使用下列四种真菌标准菌株:

(1) *Galactomyces geotrichum* (*Geotrichum candidum*) ATCC 34614

(2) *Aspergillus niger* ATCC 16404

(3) *Cladosporium cladosporiodes* DAOM 226449

(4) *Penicillium chrysogenum* ATCC 10106

按照前面的鉴定步骤操作,当菌种是冻干或冷冻保存时,鉴定之前必须至少传代 2 次以上。鉴定结果应该和标准菌株一致。

### 5.3.9　性能特点和局限性

与 Biolog FF 鉴定板的性能特点和局限性与 Biolog GENⅢ(GN/GP)基本相同,具体见5.1.9 节。

## 5.4　Biolog YT 微生物鉴定板

### 5.4.1　用途

YT 鉴定板提供了标准化的 94 种反应用于鉴定一大类酵母菌。MicroLog 3 软件根据YT 鉴定板的代谢模式对该种微生物进行鉴定。

### 5.4.2　原理

Biolog YT 微生物鉴定板检测微生物利用或氧化预先选择好的不同碳源的能力。该检测产生了紫色孔的特征模式,进而构成了微生物利用不同碳源的代谢指纹。所有必需的营养物质和生化试剂都预先加入并冻干在各个孔内,四唑紫作为氧化还原染料在颜色上指示微生物对碳源利用的情况。整个鉴定过程非常简单。需要鉴定的菌株在固体培养基上生长,然后在推荐的浓度下用特殊的接种液制成菌悬液。菌悬液以每孔 100 μL 接种到鉴定板上,接种的时候所有的孔都是无色的。在培养期间,在 A 到 C 行的一些孔(阳性孔)里微生物利用相应的碳源进行代谢,而显色物质会被还原成紫色,D 到 H 行中如果微生物能利用该种碳源,则表现在该孔的浊度增加。阴性孔和对照孔(A-1 和 D-1:不含碳源)保持无色。鉴定板培养 24 h、48 h 和 72 h 让微生物充分的利用碳源,以形成稳定的碳源代谢指纹。软件自动将鉴定板的数据和数据库进行对比,得出和数据库中最相似的菌株名称。

### 5.4.3　所需器材和消耗品

**1. BUG 培养基**

取一个容器,按量称取 BUG 培养基,如需配制培养基,材料如下:57 g BUG 琼脂培养基,1 000 mL 纯净水、蒸馏水或去离子水。煮沸溶解,冷却后调整 pH 值至 7.3 ±0.1(25 ℃);121 ℃灭菌 15 min;冷却至 45 ~ 50 ℃。倒平板。

**2. 其他材料**

纯净水、巯基乙酸钠、长棉签、接种棒、储液槽、八道移液器、移液器头、浊度仪、浊度标准品、控温培养箱和相应的鉴定板。所用接种液、巯基乙酸钠、水杨酸钠可由实验人员自行配制,移液器头、接种棒、储液槽可选用国产品牌。在使用鉴定板和接种液之前都应该使其温度恢复到 25 ℃。

### 5.4.4　YT 鉴定板

YT 板碳源分布见表 5.5。

### 5.4.5　鉴定步骤

(1)实验人员可以用配制的琼脂培养基对需要鉴定的菌株进行分离纯化,为了保证纯化的效果,最好进行两次以上的划线分离,取单菌落纯化。如果菌株为冻干或冷冻样品,需要传代培养 2 ~ 3 代,让菌株恢复活力。

(2)细菌在扩大培养前最好用 Biolog 推荐的培养基(BUY 培养基)和培养条件传代两次,以便使微生物的代谢活性恢复到最佳,进而准确的和数据库中的代谢模式匹配。微生物应该是新鲜的,确保其处于指数增长期,因为一些菌株在达到稳定期时会失去生存能力或代谢活性,推荐的培养周期为 24 ~ 48 h。如果单个平皿扩大培养的量不足以配制相应的浊度,可以培养多个平板或将培养时间延长到 48 h。

(3)首先确定浊度仪在没开启电源时,指针指在 0% ;如果没有,用螺丝刀调整。开启电源,取未开盖的装有接种液的试管,擦干净管壁,放入浊度仪,指针应指在 100% ,如果没有,旋动右方旋钮。然后用浊度标准管( YT)检验,读数在 47% ±2% 都是正常的。要使用哪管接种液,就用相应的试管做 100% 校正,不要在浊度仪的光路中旋转试管。

表 5.5　YT 板碳源分布

| 1 | 2 | 3 | 4 | 5 | 6 | 7 | 8 | 9 | 10 | 11 | 12 |
|---|---|---|---|---|---|---|---|---|---|---|---|
| A1 Water 水 | A2 Acetic Acid 乙酸 | A3 Formic Acid 甲酸 | A4 Propionic Acid 丙酸 | A5 Succinic Acid 琥珀酸 | A6 SuccinicAcid Mono-Methly 琥珀酸甲酯 | A7 L-Aspartic Acid L-天冬氨酸 | A8 L-Glutamic Acid L-谷氨酸 | A9 D-Proline D-脯氨酸 | A10 D-Gluconic Acid D-葡萄糖酸 | A11 Dextrin 糊精 | A12 Inulin 菊粉 |
| B1 D-Cellobiose D-纤维二糖 | B2 Gentiobiose 龙胆二糖 | B3 Maltose 麦芽糖 | B4 Maltotriose 麦芽三糖 | B5 D-Melezitose D-松三糖 | B6 D-Melibiose D-蜜二糖 | B7 Palatinose 6-O-D-吡喃葡萄糖赋-D-呋喃果糖 | B8 D-Raffinose D-棉子糖 | B9 Stachyose 水苏糖 | B10 Sucrose 蔗糖 | B11 D-Trehalose D-海藻糖 | B12 Turanose 松二糖 |
| C1 N-Acetyl-D-Glucosamine N-乙酰基D-葡萄糖胺 | C2 a-D-Glucose a-D-葡萄糖 | C3 D-Galactose D-半乳糖 | C4 D-Psicose D-阿洛酮糖 | C5 L-Sorbose L-山梨糖 | C6 Salicin 水杨苷 | C7 D-Mannitol D-甘露醇 | C8 D-Sorbitol D-山梨醇 | C9 D-Arobitol D-阿拉伯醇 | C10 Xylitol 木糖醇 | C11 Glycerol 丙三醇 | C12 TWEEN 80 吐温 80 |
| D1 Water 水 | D2 Fumaric Acid 反丁烯二酸 | D3 L-Malic Acid L-苹果酸 | D4 Succinic Acid Mono-Methyl Ester 琥珀酸单甲酯 | D5 Bromosuccinic Acid 溴琥珀酸 | D6 L-Glutamic Acid L-谷氨酸 | D7 γ-Amino-butyric Acid γ-氨基丁酸 | D8 a-Ketoglutaric Acid a-酮戊二酸 | D9 2-Keto-D-Gluconic Acid 2-酮葡萄糖酸 | D10 D-Gluconic Acid D-葡萄糖酸 | D11 Dextrin 糊精 | D12 Inulin 菊粉 |
| E1 D-Cellobiose D-纤维二糖 | E2 Gentiobiose 龙胆二糖 | E3 Maltose 麦芽糖 | E4 Maltotriose 麦芽三糖 | E5 D-Melezitose D-松三糖 | E6 D-Melibiose D-蜜二糖 | E7 Palatinose | E8 D-Raffinose D-棉子糖 | E9 Stachyose 水苏四糖 | E10 Sucrose 蔗糖 | E11 D-Trehalose 海藻糖 | E12 Turanose 松二糖 |
| F1 N-Acetyl-D-Glucosamine N-乙酰基D-葡萄糖胺 | F2 D-Glucosamine D-氨基葡萄糖 | F3 a-D-Glucose a-D-葡萄糖 | F4 D-Galactose D-半乳糖 | F5 D-Psicose D-阿洛酮糖 | F6 L-Rhamnose L-鼠李糖 | F7 L-Sorbose L-山梨糖 | F8 a-Methyl-D-Glucoside b-甲基D-葡糖苷 | F9 β-Methyl-D-Glucoside β-甲基-D-葡糖苷 | F10 Amygdalin 杏仁苷 | F11 Arbutin 熊果苷 | F12 Salicin 水杨苷 |
| G1 Maltitol 麦芽糖醇 | G2 D-Mannitol D-甘露醇 | G3 Sorbitol 山梨醇 | G4 Adonitol 核糖醇 | G5 D-Arabitol D-阿拉伯醇 | G6 Xylitol 木糖醇 | G7 I-Erythritol I-赤藓糖醇 | G8 Glycerol 丙三醇 | G9 Tween 80 吐温 80 | G10 L-Arabinose L-树胶醛醣 | G11 L-Arabinose L-树胶醛醣 | G12 D-Ribose D-核糖 |
| H1 D-Xylose D-木糖 | H2 Succinic Acid Methyl Ester plus D-Xylose 琥珀酸甲酯+D-木糖 | H3 N-Acetyl-L-Glutamic Acid plus D-Xylose N-乙酰基-L-谷氨酸+L-D-木糖 -D-木糖 | H4 Quinic Acid plus D-Xylose 奎尼酸+D-木糖 | H5 D-Glucuronic Acid plus D-Xylose D-葡萄糖醛酸+D-木糖 | H6 Dextrin plus D-Xylose 糊精+D-木糖 | H7 a-D-Lactose plus D-Xylose a-D-乳糖+D-木糖 | H8 D-Melibiose plus D-Xylose D-蜜二糖+D-木糖 | H9 D-Galactose plus D-Xylose D-半乳糖+D-木糖 | H10 m-Inositol plus D-Xylose m-肌醇+D-木糖 | H11 1,2-Propanediol plus D-Xylose 1,2-丙二醇+D-木糖 | H12 Acetoin plus D-Xylose 3-羟基丁酮+D-木糖 |

按照下列步骤制备均匀的菌悬液:用接种液将棉签稍微浸湿,用棉签在菌落上面轻轻地滚动就可以将菌落取到接种液中,从而不会将培养基或其他营养物质带入接种液。先取单菌落,不够再取生长紧密的菌落。在试管内壁接种液液面的上方干燥部位,旋转挤压棉签,将棉签和管壁摩擦,尽量将菌落团分散。然后上下移动棉签,将分散的菌落和接种液充分混合形成均一、无菌团的菌悬液。如果菌悬液有菌团,可以静置 5 min 让菌团沉到管底。

调整浊度直至达到允许的范围,增加接种液或添加菌落可以降低或升高菌悬液的密度。将菌悬液接种到鉴定板上,不要超过 20 min。如果菌在接种液中放置时间过长,一些菌会失去代谢活性。

(4)将鉴定板编上相应的号码。把菌悬液倒入储液槽,不要全部倒入,因为试管底部可能有未分散的菌团。选择移液器程序 3(每孔加入 100 μL 菌悬液),将移液器头安放到移液器上,必要时可以用手加固,以免造成上方漏气。吸取菌悬液,观察每个移液器头中的液面是否一致,如果不一致,放出菌悬液,加固移液器头。加完菌悬液后,盖上盖子。

(5)准备一个塑料容器,在底部铺上湿纸巾或浸湿的滤纸,把鉴定板放在上面,目的是防止鉴定板外缘孔水分的蒸发。对于酵母菌,培养温度为 26 ℃,鉴定板培养 24 h 可以进行一次读数,间隔 24 h 再进行一次读数,需要连续读取三次结果。

(6)利用 Microstation 软件读取鉴定板的数据。在 A 到 C 行孔内,把和 A–1 孔相似的孔划为阴性反应(−),具有明显紫色(和 A–1 相比)的孔都划为阳性孔(+),具有微弱颜色或紫色斑点结块的孔都划为边界值(\\)。D 到 H 行内,在波长为 590 nm 时,把和 D–1 孔浊度相似的孔划为阴性反应(−),具有明显浊度增加(和 D–1 相比)的孔都划为阳性孔(+),浊度有变化但不明显的孔都划为边界值(\\)。大多数菌都会形成明显的深紫色阳性反应,然而某些属的阳性反应为浅紫色也是正常的。

假阳性反应是指在 A–1、D–1 或其他阴性孔里出现明显阳性反应。这种现象很可能是由于在酵母利用了胞外多糖、内生营养物质或裂解了的酵母菌所致。有些酵母能形成有色(如棕色)的代谢产物也可能形成假阳性。对于在 24 h 读取的结果,SIM 值≥0.75 才是可以接受的结果。在 48 h 和 72 h 培养后读取结果时,SIM 值≥0.5 才是可以接受的结果。

## 5.4.6　注意事项

与 Biolog GENⅢ(GN/GP)的注意事项基本相同,具体见 5.1.6 节。

## 5.4.7　异常情况的解决

如果在使用 YT 鉴定板时出现异常结果,请仔细阅读其操作程序确认是否偏离了推荐的操作步骤,然后参考以下解决办法。

**1. 鉴定板所有的孔都呈阳性**

(1)选取的鉴定板是否正确。

（2）在挑取菌落的时候是否将培养基的营养物质带入了接种液。

（3）制备的菌悬液有没有菌块。

（4）制备的菌悬液浊度有没有超过规定值,并是否及时了校正浊度仪。

（5）A-1 和 D-1 孔有没有加液过少,该孔作为阴性对照孔。

**2. 鉴定板所有的孔都呈阴性**

（1）选取的鉴定板是否正确。

（2）所鉴定的菌株是否为新鲜的、生长的,并且在扩大培养时用的是否为推荐培养基。

（3）所使用的培养温度和其他条件是否适合该类菌种。

（4）接种液使用之前温度是否恢复到了 25 ℃,配制方法是否正确,pH 值和盐度是否准确,是否不包含防腐剂。

（5）制备的菌悬液浊度有没有超过规定值,并是否及时校正了浊度仪。

（6）A-1 和 D-1 孔有没有加液过多,该孔作为阴性对照孔。

### 5.4.8　质量控制

Biolog 鉴定板在出厂之前经过严格的测试,满足内部质量控制标准。然而一些实验需要或者必须进行单独的质量控制,为了检测 YT 鉴定板的性能,可以使用下列四种酵母菌标准菌株:

（1）*Candida albicans* ATCC 10231

（2）*Candida geochares* ATCC 36852

（3）*Kluyveromyces marxianus*（*Candida kefyr*）ATCC 2512

（4）*Galactomyces geotrichum*（*Geotrichum candidum*）ATCC 34614

按照前面的鉴定步骤操作,当菌种是冻干或冷冻保存时,扩大培养之前必需至少传代 2 次以上。鉴定结果应该和标准菌株一致。

## 5.5　Biolog Eco 微生物鉴定板

微生物群落为研究环境现象提供了有用的信息。微生物几乎存在于所有的环境中,通常是首先对环境中的化学和物理变化做出反应的有机体。由于它们处于食物链的最底层,微生物群落的变化往往是整个环境健康和生存能力变化的前兆。

1991 年 J. Garland and A. Mills.[7]首次设计 Biolog 微平板进行微生物群落分析。研究人员发现,在 Biolog GN 微平板上接种混合培养微生物,测量其随时间推移的群落指纹,可以确定该微生物群落的特征。这种微生物群落水平生理图谱的方法已经被证明在区分微生物群落的时空变化方面是有效的。在应用生态学研究中,微平板既可作为正常种群稳定性的分析,也可用于基于引入的变量进行微生物群落变化的检测和评估。Biolog Eco 微生物鉴定版专门用于微生物群落分析和微生物生态研究。它最初是按照微生物生态学家的要求设计的,比 Biolog GN 微平板提供更多的碳源重复。

在土壤、水、废水、活性污泥、堆肥和工业废物中 Biolog 微板在检测微生物种群变化方面得到了广泛的应用。非常多的利用 Biolog 技术分析微生物群落的国内外文章相继发表,相关出版物目录张贴在 Biolog 网站上。

### 5.5.1　Biolog Eco 微平板

Biolog Eco 微平板包含了 31 个用于环境微生物群落分析的最有用的碳源。这些碳源包含 3 个平行,研究者可以获得更多的重复数据(表 5.6)。微生物群落产生特征性的反应称作代谢指纹图谱。单个微平板上的指纹图谱就可以提供大量的信息。

微平板培养 2~5 d 后对群落反应图谱进行分析。利用统计软件比较分析图谱的变化。常用 PCA(主成分分析)软件分析孔颜色产生均值(Average Well Color Development, AWCD),图谱的变化反应了群落随时间发生的变化。

在研究微生物群落和生态变化方面,比较 BIOLOG 微平板分析技术与脂肪酸分析方法,微平板对环境变化更灵敏[5-9]。同时也发现 Biolog 微平板对于一些主要决定因素如温度和水更敏感。

### 5.5.2　实验步骤和数据分析

#### 1. 实验步骤

(1)环境样品的采集,将环境样品加入到灭菌水里。室温 30 min 后摇晃混合,移液枪吸取 1 mL 混合液体到 1.5 mL 离心管中。

(2)在 10 000 rpm 下离心 20 min,弃去上清液,加 1 mL 生理盐水,在振荡器上振动 5 min 使之混匀;再于 10 000 rpm 下离心 20 min,重复 2 次,除去其中的碳源;弃去上清液,加 1 mL 生理盐水,在振荡器上振动 5 min 使之混匀,于 2 000 r/min 离心 1 min。

(3)取上清液倒入装有 20 mL 已灭菌生理盐水(NaCl,0.85%)的试管中,并使其 $OD$ 590维持在 0.13±0.02。

(4)将上述稀释液加入 Biolog ECO 微平板中(150 L/孔),然后在 20 ℃下培养,每隔 12 h 用 Biolog 细菌自动读数仪读取数据,连续测定 10 d。

#### 2. 数据处理方法(采用 SAS 统计软件进行多样性指数差异显著分析和主成分分析)

(1)采用 Biolog 微平板培养 120 h 的数据进行数据统计,采用 Shannon 指数、Shannon 均匀度、Simpson 指数、Mclniosh 指数和 Mclniosh 均匀度各种多样性指数来反映细菌群落代谢功能的多样性。

(2)Biolog Eco 平板反应一般采用每孔颜色平均变化率($AWCD$)来描述。计算公式为:$\{AWCD = [\sum(C_i - R)]/31\}$。其中,$C_i$ 是除对照孔外各孔吸光度值,$R$ 是对照孔吸光度值。

表 5.6　Eco 板碳源分布

| 1 | 2 | 3 | 4 | 1 | 2 | 3 | 4 | 1 | 2 | 3 | 4 |
|---|---|---|---|---|---|---|---|---|---|---|---|
| A1 Water 水 | A2 β-Methyl-D-Glucoside β-甲基-D-葡萄糖苷 | A3 D-Galactonic Acid γ-Lactone D-半乳糖内酯 | A4 L-Arginine L-精氨酸 | A1 Water 水 | A2 β-Methyl-D-Glucoside β-甲基D-葡萄糖苷 | A3 D-Galactonic Acid γ-Lactone D-半乳糖内酯 | A4 L-Arginine L-精氨酸 | A1 Water 水 | A2 β-Methyl-D-Glucoside β-甲基D-葡萄糖苷 | A3 D-Galactonic Acid γ-Lactone D-半乳糖内酯 | A4 L-Arginine L-精氨酸 |
| B1 Pyruvic Acid Methyl Ester 丙酮酸甲脂 | B2 D-Xylose D-木糖 | B3 D-Galacturonic Acid D-半乳糖醛酸 | B4 L-Asparagine L-天冬酰胺酸 | B1 Pyruvic Acid Methyl Ester 丙酮酸甲脂 | B2 D-Xylose D-木糖 | B3 D-Galacturonic Acid D-半乳糖醛酸 | B4 L-Asparagine L-天冬酰胺酸 | B1 Pyruvic Acid Methyl Ester 丙酮酸甲脂 | B2 D-Xylose D-木糖 | B3 D-Galacturonic Acid D-半乳糖醛酸 | B4 L-Asparagine L-天冬酰胺酸 |
| C1 Tween 40 吐温40 | C2 i-Erythritol i-赤藻糖醇 | C3 2-Hydroxy Benzoic Acid 2-羟基苯甲酸 | C4 L-Phenylalanine L-苯基丙氨酸 | C1 Tween 40 吐温40 | C2 i-Erythritol i-赤藻糖醇 | C3 2-Hydroxy Benzoic Acid 2-羟基苯甲酸 | C4 L-Phenylalanine L-苯基丙氨酸 | C1 Tween 40 吐温40 | C2 i-Erythritol i-赤藻糖醇 | C3 2-Hydroxy Benzoic Acid 2-羟基苯甲酸 | C4 L-Phenylalanine L-苯基丙氨酸 |
| D1 Tween 80 吐温80 | D2 D-Mannitol D-甘露醇 | D3 4-Hydroxy Benzoic Acid 4-羟基苯甲酸 | D4 L-Serine L-丝氨酸 | D1 Tween 80 吐温80 | D2 D-Mannitol D-甘露醇 | D3 4-Hydroxy Benzoic Acid 4-羟基苯甲酸 | D4 L-Serine L-丝氨酸 | D1 Tween 80 吐温80 | D2 D-Mannitol D-甘露醇 | D3 4-Hydroxy Benzoic Acid 4-羟基苯甲酸 | D4 L-Serine L-丝氨酸 |
| E1 α-Cyclodextrin α-环式糊精 | E2 N-Acetyl-D-Glucosamine N-乙酰基-D-葡萄胺 | E3 γ-Hydroxybutyric Acid γ-羟基丁酸 | E4 L-Threonine L-苏氨酸 | E1 α-Cyclodextrin α-环式糊精 | E2 N-Acetyl-D-Glucosamine N-乙酰基-D-葡萄胺 | E3 γ-Hydroxybutyric Acid γ-羟基丁酸 | E4 L-Threonine L-苏氨酸 | E1 α-Cyclodextrin α-环式糊精 | E2 N-Acetyl-D-Glucosamine N-乙酰基-D-葡萄胺 | E3 γ-Hydroxybutyric Acid γ-羟基丁酸 | E4 L-Threonine L-苏氨酸 |
| F1 Glycogen 肝糖 | F2 D-Glucosaminic Acid D-葡萄糖胺酸 | F3 Itaconic Acid 衣康酸 | F4 Glycyl-L-Glutamic Acid 甘氨酰-L-合氨酸 | F1 Glycogen 肝糖 | F2 D-Glucosaminic Acid D-葡萄糖胺酸 | F3 Itaconic Acid 衣康酸 | F4 Glycyl-L-Glutamic Acid 甘氨酰-L-合氨酸 | F1 Glycogen 肝糖 | F2 D-Glucosaminic Acid D-葡萄糖胺酸 | F3 Itaconic Acid 衣康酸 | F4 Glycyl-L-Glutamic Acid 甘氨酰-L-合氨酸 |
| G1 D-Cellobiose D-纤维二糖 | G2 Glucose-1-Phosphate 葡萄糖-1-磷酸盐 | G3 α-Ketobutyric Acid α-丁酮酸 | G4 Phenylethyl-amine 苯乙基胺 | G1 D-Cellobiose D-纤维二糖 | G2 Glucose-1-Phosphate 葡萄糖-1-磷酸盐 | G3 α-Ketobutyric Acid α-丁酮酸 | G4 Phenylethyl-amine 苯乙基胺 | G1 D-Cellobiose D-纤维二糖 | G2 Glucose-1-Phosphate 葡萄糖-1-磷酸盐 | G3 α-Ketobutyric Acid α-丁酮酸 | G4 Phenylethyl-amine 苯乙基胺 |
| H1 α-D-Lactose α-D-乳糖 | H2 D,L-α-Glycerol D,L-α-甘油 | H3 D-Malic Acid D-苹果酸 | H4 Putrescine 腐胺 | H1 α-D-Lactose α-D-乳糖 | H2 D,L-α-Glycerol D,L-α-甘油 | H3 D-Malic Acid D-苹果酸 | H4 Putrescine 腐胺 | H1 α-D-Lactose α-D-乳糖 | H2 D,L-α-Glycerol D,L-α-甘油 | H3 D-Malic Acid D-苹果酸 | H4 Putrescine 腐胺 |

（3）通过主成分分析（PCA）将 Biolog 生态板（Eco）平板的 31 种碳源的测定结果形成的描述细菌群落代谢特征的多元向量变换为互不相关的主元向量（PC1 和 PC2 是主元向量的分量），在降维后的主元向量空间中可以用点的位置直观地反映出不同细菌群落的代谢特征。

### 5.5.3　实验方法应用和限制

群落生理图谱是一种快速筛查检测微生物种群处理间的差异方法。离体群落水平的生理特征（CLPPs）已经被广泛地用于表征从沉积物到海水，从贫营养地下水到土壤堆肥等多方面不同生境的微生物群落研究[3]~[6]。

由于微生物对某些底物的利用不一定和该底物可利用性的变化是一一对应的，因此 CLPP 不可能在因果关系上得出结论。同时，由于 CLPPs 的变化可能是微生物种群对底物变化的适应，或者是由于微生物群落组成的变化，因此其不能与微生物群落结构组成的改变一一对应。CLPP 不是反应单一底物的利用，而是表征多种底物利用模式的改变。本实验方法依赖于微生物可培养的实验技术，而且偏向于快速生长、易于培养的物种。因此，在微生物群落分析实验中，CLPP 技术可以和其他微生物种群多样性分析方法配合使用。

# 参 考 文 献

[1] GRYSTON S J, WANG S, CAMPBELL C D, et al. Selective influence of plant species on microbial diversity in the rhizosphere[J]. Soil Biology & Biochemistry,1998,30：369-378.

[2] PANKHURST C E, OPHEL-KELLER K, DOUBE B M. Biodiversity of soil microbial communities in agricultural systems[J]. Biodivers Conserv,1996,5：197-209.

[3] KE W, HAILONG M, ZHE W, et al. Succession of organics metabolic function of bacterial community in swine manure composting[J]. Journal of Hazardous Materials, 2018,360：471-480.

[4] EWA B, IZABELA B, BARBARA K, et al. Microbiological indoor air quality in an office building in Gliwice, Poland：analysis of the case study. Air quality[J], Atmosphere & Health,2018,11：729-740.

[5] ZHUO T Z, XUE Y G, PIAO X. Responses of microbial carbon metabolism and function diversity induced by complex fungal enzymes in lignocellulosic waste composting[J]. Science of the Total Environment, 2018,643：539-547.

[6] KE W, CHU C, XIANGKUN L, et al. Succession of bacterial community function in cow manure composing[J]. Bioresource Technology,2018, 267：63-70.

[7] GARLAND J L, MILLS A L, Classification and characterization of heterotrophic microbial communities on the basis of patterns of community level sole-carbon-source utilization[J]. Applied and Environmental Microbiology, 1991, 57:2351-2359.

# 第6章 微生物分类学和生态学中的脂肪酸分析

## 6.1 纯培养微生物的鉴定

微生物不能像大多数生物体那样通过形态学特征进行分类,一般是纯培养后采用生理、生化、血清学及病理反应来建立其分类模式。这些分类模式常用于细菌的分类和鉴定,《伯杰氏系统细菌学手册》可以根据这些特征对应地进行细菌分类。这种分类方法存在以下缺点:实验操作周期长,费力,费用高;可能由于细菌的基因突变、致病性缺失和测试培养基的选择和质量出现分类错误。

在过去30多年的分子生物学发展过程中,已经产生了大量的关于微生物种群特别是细菌种群的结构和功能的认识[1]。有人发现,微生物结构中的某些成分可用于生物体之间的分类鉴别。随后,一些采用微生物结构中的蛋白质、核酸、糖类、类异戊二烯醌、胞壁质、脂类和脂肪酸等的化学"指纹"分类方法被开发使用。这种化学"指纹"的分类方法通过主观判断、专家评定和计算机数值分析或其中两者的组合方式来完成对微生物的分类鉴别。这种方法有如下优点:快速、成本低、适用于不可培养微生物或博物馆标本、微生物基因突变或变异对结果影响不大、可以分类鉴定到比较低的微生物分类水平。然而,这种方法容易受到人为实验操作或抽样误差影响,所以整个实验过程要谨慎小心地进行。为了克服以上问题,将该方法自动化,同时使用标准文库,将微生物的分类鉴定进行标准化处理,按照自动化、标准化的流程进行取样、实验和数据分析。

SHERLOCK®全自动微生物鉴定系统为美国MIDI公司依据自20世纪60年代以来长期积累的对微生物生物标记(Biomarker)的研究经验开发的一套根据微生物中特定短链脂肪酸的种类和含量进行鉴定和分析的软件,该软件可以操控Agilent公司的5890、6850和6890型气相色谱,通过对气相色谱获得的短链脂肪酸的种类和含量的图谱进行比对,可快速准确地对微生物种类进行鉴定。它具有以下特点:

(1)迄今为止,是微生物鉴定系统中最大的菌库(嗜氧菌超过1 100种,厌氧菌超过800种,酵母菌和放线菌约300种,共计超过2 200种)。

(2)可选配MIDI公司与美国传染病军事医学研究所联合开发的防生物恐怖事件应急菌库,对疾病预防和控制工作极为有用。

(3)利用微生物短链脂肪酸指纹图谱进行方便快速的鉴定。脂类易于提取和浓缩,方法简便;使用普通试剂,成本低廉;无需特殊的培养基和耗材,极大地减少了分析成本。

(4)只需简单地将微生物分类为嗜氧、厌氧和酵母及放线菌三大类即可进行纯培养,比传统方法需要人工鉴定革兰氏阴性、阳性并区分球菌和杆菌相比,减少了人为误差,更具有客观性。

(5)纯培养后只需极微量样品(4 mm 接种环可容纳的菌体)即可进行抽提和分析,不需要费时耗物的扩种和第二次接种培养。

(6)与品质优良的 Agilent 气相色谱共同使用,保证脂肪酸成分和含量分析的快速和准确。

(7)气相色谱在分析大量样品速度快,精度高,开机预热后每个样品检测只需 20 min(传统生化和代谢方法需在二次接种后再培养至少 6 h),并可自动连续检测 100 个样品(包括标样),极大地缩短了分析和鉴定的时间,提高了效率。新 RAPID METHOD 软件提供了每个分析仅用 8 min 的高速鉴定方法,更适合临床或紧急状态的应用。

(8)提供自创脂肪酸指纹图谱库软件,不仅可以添加用户自创的微生物指纹图谱,更可以拓宽应用,为其他利用脂肪酸为生物标记的物种鉴定建立文库。

### 6.1.1　脂肪酸分析原理

在微生物中可进行定性和定量分析的脂肪酸化合物是鉴别区分微生物种属性状的有效物质[1]。由于微生物中大部分脂肪酸存在于其细胞膜中,因此组成和含量相对稳定。目前,通过质谱分析技术已鉴定如醛和二甲基乙醛等超过 300 种脂肪酸和相关的化合物,因此应用脂肪酸分析技术进行微生物种属鉴定具有巨大的鉴别潜力。特别是熔融石英毛细管柱的发展,使得脂肪酸地精确分析成为可能。如果我们规范微生物的生长条件、细胞的生长周期,同时标准化分析方法,微生物的脂肪酸组成和数量分析是可重复的。

### 6.1.2　细菌的脂肪酸

细菌含有 0.2% ~50% 脂质,一般是细菌细胞干重的 5% ~10%。酯化的脂肪酸用于微生物的脂肪酸分析。主要包括:(1)细胞膜的组成成分——磷脂;(2)细胞膜的组成成分——糖脂,比磷脂含量低,在放线菌中常见;(3)脂质 A,脂多糖(LPS)中的革兰氏阴性细菌的外膜的脂质部分;(4)脂磷壁酸,革兰氏阳性细菌的细胞壁组分。

细菌的脂肪酸通常含有 9 ~20 碳原子链。它们可以是直链、支链、环状、饱和的、不饱和的或含有 2-羟基或 3-羟基基团。特殊细菌中的脂肪酸是 3-羟基,环链和支链脂肪酸。在革兰氏阴性菌中,主要的饱和脂肪酸是 16:0,18:0,14:0,最重要的不饱和脂肪酸是 16:1 的顺式或反式 9 和 18:1 的顺式或反式 11 和羟基酸(如在 LPS 的一部分)。革兰氏阳性菌中通常含有大量的支链脂肪酸。棒状细菌和放线菌可能含有结核硬脂酸和分支菌酸。

SHERLOCK® 全自动微生物鉴定系统采用简单地样品预处理过程和气相色谱分析技术对微生物的脂肪酸种类和含量进行可重复的定量和定性分析。微生物鉴定结果分析报告中脂肪酸特征的描述相关术语如下:

**1. 等效链长( ECL ) 值**

SHERLOCK®的峰命名采用标准品校准的方法持续监测气相色谱的工作状态。标准品混合物由一系列碳链长度为 9∶0 到 30∶0 的饱和脂肪酸和其他的特征成分组成。将标准品混合物中所有峰的 ECL 值输入峰值命名表中,软件自动计算每个峰的"标准保留时间"。标准品混合物由具有相同普遍的色谱峰特征的化合物组成。将饱和脂肪酸赋值为与它们的长度相对应的 ECL 值( 如 11∶0 = ECL 11.000 )。从色谱柱洗脱的化合物的 ECL 值,如果低于已知化合物的 ECL 值,则采用内插法对其赋值。

**2. ECL 偏离报告**

每个分析报告中都包含了每个峰值的对应值和偏离值,见表 6.1:

表 6.1　实验结果中 ECL 和偏差说明

| ECL 值 | 脂肪酸命名 | 质量分数/% | 注释 1 | 注释 2 |
|---|---|---|---|---|
| 15.821 | 16∶1w7c | 11.02 | ECL 偏差为−0.001 | |
| 15.865 | 16∶1w6c | 1.11 | ECL 偏差为 0.003 | |
| 15.910 | 16∶1w5c | 0.23 | ECL 偏差为 0.001 | |
| 16.003 | 16∶0 | 27.04 | ECL 偏差为 0.003 | |
| 16.479 | 特征 4 的和 | 2.31 | ECL 偏差为 0.003 | 17∶1 ISO I /ANTEI B |

表 6.1 中的峰 16∶1 w7c,其 ECL 值是 15.821,ECL 偏差为−0.001。偏差为负的数值表示峰值出现的速度比预期的快(预期为 15.822 )。色谱峰在色谱运行的开始阶段炉温对其影响较大,后期载气流速具有很强的影响。安捷伦气相色谱采用程序电子压力控制能够实现恒定流量,可以使载气流速的影响最小化。

**3. 杂峰的剔除**

在脂肪酸物质的分析测试中,脂肪酸提取的过程中可能混有甾醇类的非脂肪酸物质。同时,电子噪声可能导致影响谱峰结果的瞬态尖峰。由于谱峰面积/高的比值大于 0.070 通常被认为是非脂肪酸峰(甾醇类等)、小于 0.017 是电子噪声峰,因此分析结果中谱峰面积/高的比值大于 0.017、小于 0.07 被认为是脂肪酸的谱峰,其余的谱峰将被剔除。

**4. 求和特征**

在理想状态下,所有的峰值都将被定义,任何数据都不会因为色谱分离过程的失效而丢失。但由于气相色谱运行时间的限制,实际出峰的数量小于完整的色谱峰。在出现不完全峰分离的情况下,SHERLOCK®分析方法使用"求和特征"。这两种化合物都将在报告右侧的注释字段中命名(表 6.1 中的注释 2),最接近观察到的 ECL 将被列在第一位。在大多数情况下,这是化合物的正确名称,但是,这两个名称总是包含在一个单一的特征中,这避免了在微生物种群或纯菌分析中使用不正确的峰值名称。

**5. 脂肪酸的系统命名法**

（1）直链（Straight Chain）脂肪酸。

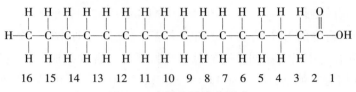

图6.1 直链脂肪酸分子式

图6.1为直链脂肪酸十六（烷）酸，写成16∶0。16表示脂肪酸的碳原子数。冒号后面的数字表示碳链的双键数，羧基（—COOH）在右侧。也可以把字母"C"写在前面，16∶0可以写为C16∶0（字母"C"代表脂肪酸中的碳）。

（2）不饱和（Unsaturated）脂肪酸。

①顺式（Cis）构造。

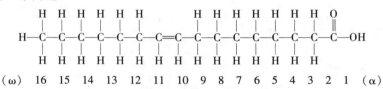

图6.2 顺式不饱和脂肪酸分子式

如图6.2所示，含有16个碳和1个双键的脂肪酸命名为16∶1。图6.2表示不饱和脂肪酸为16∶1 ω7c。双键上的两个氢在同一侧为顺式结构。"ω7c"表示碳碳双键从碳链"ω"末端的第7个碳原子开始；羧基位于碳链的α末端。图6.2中的脂肪酸也可以命名为16∶1 cis 9。

②反式（Trans）构造。

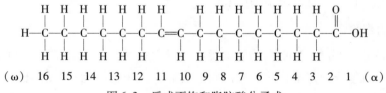

图6.3 反式不饱和脂肪酸分子式

如图6.3所示的脂肪酸命名为不饱和脂肪酸16∶1 ω7t。其双键上的两个氢在两侧为反式结构。

（3）ISO 脂肪酸。

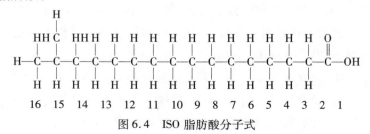

图6.4 ISO 脂肪酸分子式

如图 6.4 所示的脂肪酸命名为 17：0 ISO。1 个甲基位于碳链的倒数第二个碳原子上。

（4）ANTE ISO 脂肪酸。

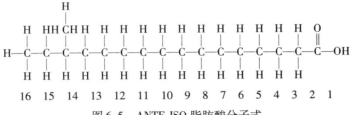

图 6.5　ANTE ISO 脂肪酸分子式

如图 6.5 所示的脂肪酸命名为 17：0 ANTE ISO。1 个甲基位于碳链的倒数第三个碳原子上。

（5）环丙烷（CYCLO）脂肪酸。

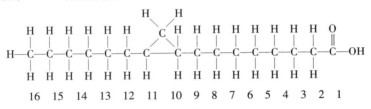

图 6.6　环丙烷脂肪酸分子式

如图 6.6 所示的脂肪酸命名为 17：0 CYCLO w7c。也有文献中命名为 17：0 CYCLO 9-10。这个脂肪酸是不饱和脂肪酸 16：1 ω7c 在双键的位置上添加了碳原子。

（6）二甲基乙缩醛（Dimethyl Acetal）脂肪酸。

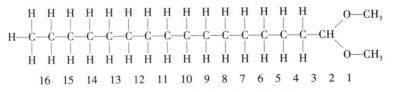

图 6.7　二甲基乙缩醛脂肪酸分子式

如图 6.7 所示为二甲基醛 16：0 脂肪酸，在 Sherlock 分析报告中写作 16：0 DMA。二甲基缩醛作为脂肪酸的类似物出现在厌氧菌中。

（7）直链烃（Normal Hydrocarbon）脂肪酸。

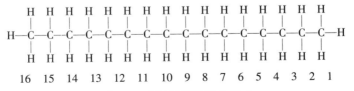

图 6.8　直链烃脂肪酸分子式

如图 6.8 所示为直链烃 16：0 脂肪酸，在 Sherlock 分析报告中写作 *n*16：0 。

（8）醛基（Aldehyde）脂肪酸。

图6.9　醛基脂肪酸分子式

图6.9所示为醛基16：0脂肪酸。

（9）醇基（Alcohols）脂肪酸。

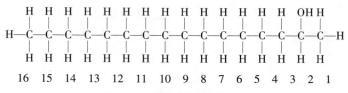

图6.10　醇基脂肪酸分子式

图6.10所示为醇基2-18烷醇脂肪酸。该成分和2-20烷醇脂肪酸多存在于分枝杆菌（*Mycobacterium*）中。

（10）羟基（Hydroxy）脂肪酸。

①2-羟基脂肪酸。

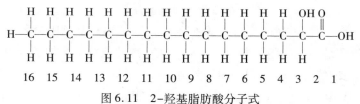

图6.11　2-羟基脂肪酸分子式

图6.11所示为16：0 2OH。一个羟基集基团在第二个碳位置上。

②3-羟基脂肪酸。

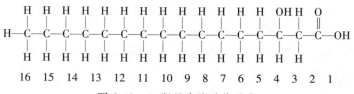

图6.12　3-羟基脂肪酸分子式

图6.12为16：0 3OH。一个羟基集基团在第三个碳位置上。

③其他羟基脂肪酸。

羟基官能团位于除了碳2、碳3上的其他碳链位置上。目前为止，位于其他碳链位置的脂肪酸在细菌中不常见。

（11）混合官能团（Mixed Functional Groups）脂肪酸。

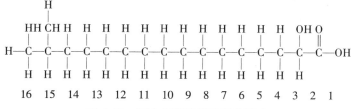

图 6.13　混合官能团脂肪酸分子式

脂肪酸中碳链上含有不同的官能基团。图 6.13 为 17：0 ISO 2OH。

（12）甲基脂肪酸酯（Fatty Acid Methyl Ester，FAME）。

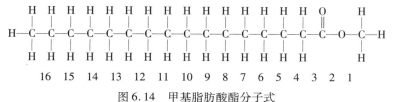

图 6.14　甲基脂肪酸酯分子式

图 6.14 为甲基脂肪酸酯 16：0。这个成分在 MIS 报告中写成 16：0 FAME。一个甲基被加到羧基位置，以增加其 GC 分析的挥发性。

## 6.1.3　Sherlock 标准数据库

Sherlock MIS 可鉴定大量的微生物。分析前不需要依据被检微生物的生理生化特性进行分类。这些微生物的脂肪酸成分必须经色谱分析，其特征性组分峰能被正确识别，与数据库中已有的特征数据匹配。数据库中的数据来自在特定培养条件下参考菌种的脂肪酸分析结果；因此待测样品必须与建库时的培养条件和样品前处理过程保持一致。表6.2列出了 Sherlock MIS 标准数据库。

**表 6.2　Sherlock MIS 标准数据库**

| 分类 | 数据库名称 | 说明 |
| --- | --- | --- |
| 嗜氧菌（Aerobe） | TSBA40 | 好氧菌,28 ℃,24 h,使用胰蛋白酶大豆肉汤琼脂培养基 |
| | CLIN40 | 临床好氧菌,35 ℃,24 h,使用血琼脂、巧克力琼脂等培养基 |
| | M17H10 | 分枝杆菌,35 ℃，体积分数为 5% ~ 10% 的 $CO_2$,使用浓缩培养基。 |
| 厌氧菌（Anaerobe） | BHIBLA | 厌氧菌,35 ℃,48 h,在厌氧袋中使用脑心浸液血琼脂平板培养基 |
| | MOORE | 乳酸菌、厌氧菌数据库,35 ℃，使用 PYG 肉汤培养基 |

续表 6.2

| 分类 | 数据库名称 | 说明 |
|---|---|---|
| 酵母菌(Yeast) | YST28 | 酵母菌,28 ℃,24 h,使用沙氏葡萄糖琼脂 |
| | YSTCLN | |
| | ACTIN1 | 放线菌,28℃,3~10 d,使用胰酪大豆胨液体培养基 |
| | FUNGI | 真菌,28 ℃,2~5 d,使用 SAB 沙氏葡萄糖培养基 150 r/min |

脂肪酸特征图谱与 DNA 的同源性相关,DNA 同源性可用于微生物分类到种的水平。某些科的细菌,分类学上非常接近,进一步的分类还需要借助生化反应。过于接近的菌种,数据库比对的结果往往显示非常接近的第二选择和第三选择。在这种情况下,Sherlock 生成组成报告(Composition Report)协助操作人员判断并打印出"配合其他试验鉴定(Confirm With Other Tests)"的提示。

## 6.1.4 脂肪酸的提取

细胞通过改变脂肪酸成分来维持细胞膜的液体状态以适应多样化的环境状况。Sherlock 依赖于定性(成分的组成)和定量(每个成分峰面积/%)分析微生物的脂肪酸成分,微生物的脂肪酸提取步骤需要保证其可再现性的分析结果。为此,在做脂肪酸成分与 Sherlock 标准数据库比对之前,需要控制培养基的选择及培养时间-温度等条件。不同数据库的各种类别菌株的培养基和培养条件选择见表 6.2。

### 1. 培养基的选择

每个标准数据库都有推荐选用的标准培养基,这些培养基能够提供其数据库中大多数的微生物体生长所需的营养物质,同时是大多数实验室常用的且已被商品化的培养基。

(1)TSBA 嗜氧菌培养基(TSBA Media for Aerobes:TSBA40 数据库)。

胰蛋白酶大豆肉汤(TSBA)培养基是嗜氧菌标准的培养基。胰蛋白酶大豆肉汤:30 g;琼脂:15 g;蒸馏水:1 L。加热并搅拌至完全混合,琼脂完全溶解,在 121 ℃温度条件下高压灭菌 15 min。在水浴中冷却至 60 ℃,加 20~25 mL 溶解的培养基分装至无菌 100 mm×15 mm 的培养皿中,室温下凝固。

(2)MRSA 嗜氧菌乳酸菌(Lactobacilli)培养基(MRSA Media for Aerobic Lactobacilli:TSBA40 数据库)。

MRSA 培养基是嗜氧菌 Lactobacill 标准的培养基。乳酸菌 MRS 肉汤:55 g;琼脂:15 g;蒸馏水:1 L。加热并搅拌至完全混合,琼脂完全溶解,在 121 ℃温度条件下高压灭菌 15 min。在水浴中冷却至 60 ℃,加 20~25 mL 溶解的培养基分装至无菌 100 mm×15 mm 直径的培养皿中,室温下凝固。在厌氧生长条件下,需要在厌氧手套箱中操作,降低培养皿和培养基中的氧含量。

（3）血琼脂临床嗜养菌培养基（Blood Agar for Clinical Aerobes：CLIN40 数据库）。

临床分离的大部分嗜氧菌在带有质量浓度为 50 g/L 的去纤化羊血的 TSA 培养基上 35 ℃条件下培养，并不需要 $CO_2$。极少数的临床嗜氧菌需要使用体积分数为 5% 的 $CO_2$ 维持其生长。如果使用 $CO_2$ 则必须在备注中标明，在 CLIN40 数据库中进行菌株的匹配。

（4）巧克力琼脂临床嗜氧菌培养基（Chocolate Agar for Clinical Aerobes：CLIN40 数据库）。

少数临床分离的嗜氧菌要求用该培养基培养，可以购买商品化的培养基。

（5）BHIBLA 厌养菌培养基（Brain Heart Infusion with Blood for Anaerobe：BHIBLA 数据库）。

所有培养基成长的厌氧菌，包括乳酸菌，都可以成长在脑心浸液血琼脂（Brain Heart Infusion with Blood）培养基或布鲁氏血琼脂（Brucella Blood Agar）培养基上，可以购买商品化的培养基。

（6）SAB 酵母菌培养基（Sabouraud Dextrose Agar for Yeasts：YST28 & YSTCLN 数据库）。

酵母菌培养生长在沙氏葡萄糖琼脂（Sabouraud Dextrose Agar）培养基上，培养温度为 28 ℃，培养时间为 24 h，可以购买商品化的培养基。

（7）TSB 放线菌培养基（Trypticase Soy Broth for Actinomycetes：ACTIN1 数据库）。

放线菌（Actinomycetes）在 20 mL 胰酪大豆胨液体培养基（Trypticase Soy Broth）28 ℃温度下 150 r/min 振荡培养 24 h，可以购买商品化的培养基。

**2. 玻璃制品的使用与清洁**

为了减少在脂肪酸提取过程中的污染，用于提取微生物脂肪酸的玻璃制品应该进行严格的清洗后再使用。试剂瓶和脂肪酸萃取瓶必须有 Teflon®-lined 盖子，使用容易清洗的高品质洗洁剂清洗瓶子和盖子，并使用干净的蒸馏水清洗干净，160 ℃温度下灭菌烘干 2 h。需使用一次性玻璃材质的移液管，其尖端使用前必须加热或过火，已消除 GC 分析中掺杂的波峰。使用不加微生物样品的一组作为空白对照。

**3. 试剂的准备**

脂肪酸萃取试剂包括皂化细胞（试剂 1）、脂化（试剂 2）、萃取（试剂 3）和基本洗涤（试剂 4）四种试剂。试剂应准备在干净的 1 000 mL 的棕色试剂瓶中。每种试剂的使用期限为 1 个月。试剂 1 和试剂 4 具有腐蚀性；试剂 2 是酸性溶液，配制和提取全程需要佩戴安全眼镜及手套；试剂 3 具有可燃性的，配制和使用过程中远离火源和热源，在化学性通风橱中进行操作。

（1）试剂 1——皂化试剂（Ragent 1：Saponification Reagent）。

NaOH（光谱纯）:45 g；

甲醇(Hexane 色谱纯):150 mL;

去离子水:150 mL。

NaOH 粉末加入甲醇和水的混合液中,充分搅拌至完全溶解。

(2)试剂 2——甲基化试剂 (Reagent 2:Methylation Reagent)。

6 mol/L HCl:325 mL;

甲醇(Hexane 色谱纯):150 mL。

加酸液至甲醇中搅拌。

(3)试剂 3——萃取溶剂 (Reagent 3:Extraction Solvent)。

正己烷(色谱纯):200 mL;

甲基叔丁基醚(Methyl Tert-buty1 Ether 色谱纯):200 mL。

加入甲基叔丁基醚在正己烷中并搅拌均匀。

(4)试剂 4——碱洗涤(Reagent 4:Base Wash)。

NaOH(光谱纯):10.8 g;

去离子水:900 mL。

NaOH 粉末加入水中搅拌至完全溶解。

(5)额外的试剂 (Additional Reagents)。

饱和 NaCl 溶液:溶解 40 g 的 NaCl(色谱纯)在 100 mL 的去离子水中。

**4. 阳性对照菌株**

每批测试的样品必须包括一个已知的菌种做为阳性对照(Positive Control),和空白对照组使用相同步骤,但空白对照组无微生物(Reagent Blank)。嗜氧菌的阳性对照菌株见表 6.3。

表 6.3 嗜氧菌的阳性对照菌株

| 嗜氧菌 | ATCC 代码 | |
| --- | --- | --- |
| | 数据库 | |
| Gram(−) | TSBA 40 | CLIN 40 |
| *Acinetobacter baumanni* | 19 606 | 19 606 |
| *Acinetobacter calcoaceticus* | 23 055 | — |
| *Burkbolderia cepacia* | 25 609 | 25 609 |
| *Citrobacter freundii* | 8 090 | — |
| *Escherichia coli* | 25 922 | — |
| *Pseudomonas aeroginosa* | 9 027, 27 853 | 9 027, 27 853 |
| *Strenotrophomonas maltophilia* | 13 637 | 13 637 |
| Gram(+) | | |

续表6.3

| 嗜氧菌 | ATCC 代码 | |
|---|---|---|
| *Corynebacterium striatum* | 6 940 | 6 940 |
| *Enterococcus faecalis* | 19 433，4 083 | 19 433 |
| *Kocuria rosea* | 186 | — |
| *Kocuria varians* | 15 306，15 936 | — |
| *Staphylococcus aureus* | 12 600 | 12 600，25 923 |
| *Staphylococcus epidermidis* | 14 990 | |
| *Bacillus Species* | | |
| *Bacillus cereus* | 14 579 | 14 579 |
| *Bacillus circulans* | 4 513 | — |
| *Bacillus licheniformis* | 14 580 | — |
| *Bacillus sphaericus* | 14 577 | — |
| *Bacillus stearothermophilius* | 12 980 | — |
| *Bacillus subtilis* | 6 633 | 6 633 |

**5. 培养皿的建议划线法（Streaking Plates）**

建议采用微生物的四区划线法（Quadrant Streak Pattern）进行测试菌株的培养。如图6.15 所示,采用四区划线法可以获得不同密度的菌体和纯化的单菌落,同时保证第三区有足够脂肪酸提取的菌落量。

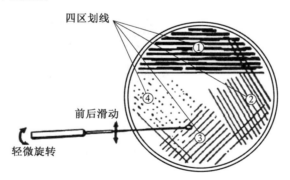

图6.15　四区画线式样

选择纯化分离好的固体培养基中生长良好的单菌落为出发菌株,使用经过灭菌及冷却的无菌接种环,如图6.15 所示,将单菌落接种划线在相应数据库要求的固体培养基上的第一区,此区域为稠密接种区。转动接种环90°接种划线第二区域,以此类推完成四区划线培养,第四区将出现单菌落。

**6. 萃取:5 个基本步骤（Preparing Extracts:Five Basic steps）**

（1）获菌（Harvesting）。

从四区划线培养的平板上的第三分区上（如果生长缓慢可选第二或第一分区）用一

个 4 mm 接种环取 40 mg 菌体细胞。收获的细胞放到一个洁净的带有 Telfon-lined 旋盖的 13 mm×100 mm 培养管的底部。

（2）皂化（Saponification）。

如图 6.16 所示，在放有细胞的每个管中加入 1 mL 试剂 1，管口用带 Telfon-lined 的盖子密封。管子短暂振摇（5～10 s）后放入沸水浴中 5 min，从沸腾的水中取出管子并稍微冷却，不要打开盖子，剧烈振摇 5～10 s，放回水浴中完成 25 min 的加热。

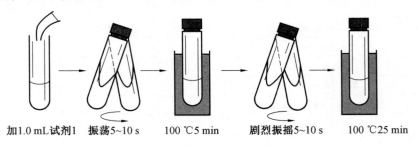

加 1.0 mL 试剂 1　　振荡 5～10 s　　100 ℃ 5 min　　剧烈振摇 5～10 s　　100 ℃ 25 min

图 6.16　皂化示意图

（3）甲基化（Methylation）。

甲基化是将脂肪酸转换成脂肪酸甲酯（Fatty Acid Methyl Esters），增加脂肪酸的挥发性以供 GC 分析测试。如图 6.17 所示，管子冷却后开盖加入 2 mL 试剂 2，加盖后短暂振荡（5～10 s）。振摇后严格地在 80 ℃±1 ℃ 条件下加热 10 min±1 min。（该步骤时间和温度的严格控制十分关键）。

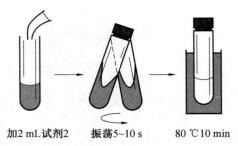

加 2 mL 试剂 2　　振荡 5～10 s　　80 ℃ 10 min

图 6.17　甲基化示意图

（4）萃取（Extraction）。

脂肪酸甲酯从酸性水溶液中移出的过程为萃取。如图 6.18 所示，管子冷却后加入 1.25 mL 试剂 3。封盖后，轻轻翻转 10 min 左右，开盖将管底的水相部分抽出弃用。

（5）基本洗涤（Base Wash）。

稀的碱溶液加入到萃取的有机相溶液中，可以移去其中自由的脂肪酸和剩余水相试剂。剩余水相试剂将会损坏 GC 的色谱柱，同时会引起羟基脂肪酸甲酯（Hydroxy Fatty Acid Methyl Esters）的损失。如图 6.19 所示，将 3 mL 试剂 4 加入试管中剩下的有机相中，封盖，翻转 5 min。加入几滴 NaCl 饱和水溶液可以增加切断乳化剂，使有机相的脂肪酸甲酯更加澄清。开盖后，将 2/3 澄清的有机相加入密封的气相色谱样品管中待测。

加1.25 mL试剂3
10 min
移开地层水相
保存上层脂相

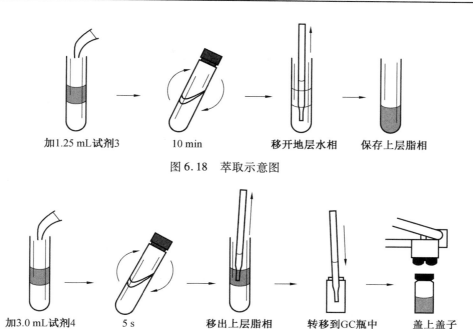

图 6.18　萃取示意图

加3.0 mL试剂4
5 s
移出上层脂相
转移到GC瓶中
盖上盖子

图 6.19　基本洗涤示意图

(6)脂肪酸提取的时间延迟（Delay During Sample Preparation）。

理想状态下，当微生物菌体被获取后，脂肪酸提取过程必须持续进行非中断。如果有必要延迟脂肪酸提取步骤，仅有几个步骤可以延迟，以引起较少对微生物脂肪酸分析的影响。

①在获菌步骤后，加入试剂 1 之前，装有菌体的管子可在菌体培养温度下放置1 ~2 h 或快速冷冻。

②经过甲基化步骤后，萃取的步骤不能被延迟，必须立即进行萃取。

③萃取过后，移开水相部分，有机相部分可以放在 4 ℃冷藏过夜。

④基本洗涤后（试剂 4），迅速移走上层有机相。

⑤完成萃取后，盛装在 GC 小瓶的有机相，可以 4 ℃温度条件下冷藏一个月内进行 GC 分析。

## 6.1.5　微生物脂肪酸的分析检测

此部分介绍脂肪酸样品在气相色谱分析中的过程，包括放置样品、输入样品信息和在计算机控制下的结果分析。

**1. 试剂 3 和废液瓶的放置**

Hexane/MTBE 的洗涤溶剂（试剂 3）和一个废液瓶需要放置在气相色谱取样器适当的位置。试剂 3 洗涤瓶放在溶剂 A 的位置，废液瓶放在 Waste A 和 Waste B 的位置。试剂 3 洗涤瓶需要保持干净，注射器需要利用此瓶中的试剂 3 来清洗注射器，洗涤后的液体注入废液瓶中。废液瓶应该是空的且干净的。

### 2. 校正标准品(Calibration Standard)

Sherlock 系统使用由 MIDI 公司开发和生产的外标准样品来校准系统。该标样为饱和的从 9 到 20 碳的各种直链脂肪酸(9∶0 到 20∶0)和 5 种羟基酸的混合物。所有的化合物都是定量加入的,所以每次标样被分析后气相色谱的工作效率和工作状态可以通过软件加以评估。羟基化合物对压力/温度关系和进样口衬垫上的污染都十分敏感。因此,这些化合物可以作为系统质量控制的标准。

注射标样后获得的保留时间数据被转换为等效链长(ECL)以用于细菌脂肪酸的命名。每种脂肪酸的 ECL 值都可表示为其洗脱时间和已知长度直链脂肪酸的洗脱时间的函数:

$$\mathrm{ECL}_x = \frac{R_{tx} - R_{tn}}{R_{t(n+1)} - R_{tn}} + n$$

式中,$R_{tx}$ 为样品 $x$ 的保留时间;$R_{tn}$ 为在样品 $x$ 之前洗脱的饱和脂肪酸甲酯保留时间;$R_{t(n+1)}$ 为在样品 $x$ 之后洗脱的饱和脂肪酸甲酯的保留时间。

因此一次分析后,通过与外标的比较可以计算出每个化合物的 ECL 值。气相色谱系统和柱子允许窗口被设定为 0.010 ECL 单位宽,给异构体的分辨带来极高的精确度。对未知样品的峰命名后,Sherlock 将最稳定的系列(如饱和直链或支链酸)ECL 值与峰命名表中理论值进行对比,并在发现足够大的偏差的情况从内部进行重新校准。这一功能使系统可以连续 2 d 进行无人化操作而无须顾虑批次之间的漂移。

### 3. 序列设定(The Sherlock Sequencer)

如图 6.20 所示,打开 Sherlock Sample Processor,编辑样品信息,选择方法(相应数据库),Status 项选择为 Queued 等,待编辑结束后锁上编辑的表格(点击 LockTable),避免误

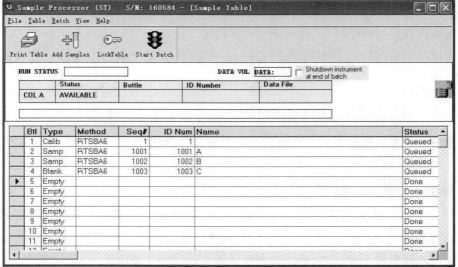

图 6.20 样品序列

操作。确保标准品放在样品盘的第一个位置,样品的顺序跟表格一致,洗液(solvent 3 或正己烷)已放好(在 A 位),液面在 2/3 以上,废液瓶为空(在 WA 位)。Sample Processor 编辑完毕后,点击 Start Batch。软件将自动调用安捷伦 Chem Station 进行检测,整个过程全部自动完成。可过夜连续检测。检测批次开始后,先测两针标准品,通过后才开始检测样品,每测 11 个样品后自动检测一针标准品。有效的保证检测质量。检测完成后,生成报告文件(word 可打开的格式),可以选择每个样品检测完生成或者是整个批次检测完毕后批量生成。

图 6.21　样品测试报告

## 4. 检测报告

如图 6.21 所示,报告是基于相似性指数(Sim Index)进行微生物鉴定的。Sherlock 微生物鉴定系统(MIS)中的 SI 值是一个表示未知样品的脂肪酸组成与用于创建作为其匹配数据库的菌株的平均脂肪酸组成相比有多接近的具体数值。数据库搜索显示最佳匹配和相关的 SI 值。未知样品的脂肪酸组成与数据库的平均值完全匹配,得到的 SI 值为

1.000。当微生物的每种脂肪酸与平均百分比不同时,相似性指数就会下降。

鉴定菌株的第一个 SI>0.5 并且与比第二个 SI 大 0.1,为好的匹配。鉴定菌株的第一个 SI 在 0.300～0.500 之间的可以是良好匹配,但会显示出是一种不典型的菌株,还要配合革兰氏染色进一步确认。鉴定菌株的 SI<0.300 表明该菌株不在数据库中,但所列菌种是与鉴定菌株近缘关系最密切的。

**5. 系统树图(一种表示亲缘关系的树状图解)**

系统树图是一个基于脂肪酸成分的聚类分析技术。多重分析和实验表明微生物种间距离大约为 10 欧氏距离(Euclidian Distance),亚种间距离大约为 6 欧氏距离,菌株间距离大约为 2 欧氏距离。由于孢子产生引起的巨大变异,完全一样的芽孢杆菌菌株会产生大约 3 欧氏距离。欧氏距离越小,菌种的相似性越大,如图 6.22 所示的样品距离均在 3 欧氏距离以下,属于同一菌株。

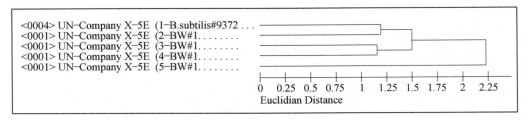

图 6.22　系统树图

# 6.2　磷脂脂肪酸图谱法(PLFA)测定微生物群落结构

生物分子用于微生物种群结构的检测应具有 4 个特点:(1)微生物细胞中是普遍存在的;(2)在微生物细胞中相对含量稳定,而且不会随细胞生长和环境条件改变而改变;(3)在测试的临界值范围内;(4)可以快速更新。DNA、RNA 和磷脂脂肪酸是最常用于定量描述环境样品微生物群落结构的三种生物分子[2][3]。

PLFA 谱图分析方法的原理是基于磷脂作为几乎所有生物细胞膜的重要组成部分,细胞中磷脂的含量在自然生理条件下恒定,约占细胞干重的 5%。不同微生物具有不同的磷脂脂肪酸种类和含量水平,其含量和结构具有种属特征或与其分类位置密切相关,能够标记某一类或某种特定微生物的存在,是一类最常见的生物标记物[4]。古细菌(Archaea)的极性脂质是以醚而不是酯键的形式出现,不能使用 PLFA 谱图进行分析。由于磷脂不能作为细胞的贮存物质,一旦生物细胞死亡,其中的磷脂化合物就会迅速分解,因而磷脂脂肪酸可以代表微生物群落中"存活"的那部分群体。

由于各种菌群的微生物生物量和群落组成不同,不同菌群具有独特的 PLFA 特征谱图(包括 PLFA 总量、组成),为此磷脂脂肪酸构成的变化能够说明环境样品中微生物群落结构的变化,可以对微生物群落进行识别和定量描述。具体特征图谱见表 6.4。

表 6.4  微生物的 PLFA 表征分布

| 微生物分类 | 特征性脂肪酸类别 |
| --- | --- |
| 细菌 Bacteria in general | 含有以酯链与甘油相连的饱和或单不饱和脂肪酸(如 15:0, i15:0, a15:0, 15:0, 16:1ω5, 16:1ω9, i17:0, a17:0, cy17:0, 17:0, 18:1ω5, i19:0, a19:0) |
| 革兰氏阳性菌 Gram-positive bacteria | 含有多种分支脂肪酸 |
| 革兰氏阴性菌 gram-negative bacteria | 含有多种羟基脂肪酸 |
| 厌氧细菌 Anaerobic bacteria | cy17:0, cy19:0 |
| 好氧细菌 Aerobic bacteria | 16:1ω7, 18:1ω7 |
| 硫酸盐还原菌 Sulfate-reducing bacteria | 16:0, 10Me16:0, a17:0, i17:0, 17:0 18:0, cy:9:0 |
| 甲烷氧化菌 methane oxidation bacteria | 16:1ω8c, 16:1ω8t, 16:1ω5c, 18:1ω8c, 18:18t, 18:1ω6c |
| 嗜压/嗜冷细菌 Barophilic/psychrophilic bacteria | 20:5, 22:6 |
| 黄杆菌 Flavobacterium | i17:1ω7 |
| 放线菌 Actinomyces | 10Me16:0, 10Me17:0, 10Me18:0 等 |
| 真菌 Fungi | 含有特有的磷脂脂肪酸 18:1ω9, 18:2ω6, 18:3ω6, 18:3ω3 |
| 脱硫弧菌 Desulfobacter | 10Me16:0, cy18:0 |

## 6.2.1  脂肪酸的提取

环境样品提取的脂肪酸是基于该群落的磷脂脂肪酸(PLFA)特征对样品的微生物群落进行定量描述。其要求如下:(1)获得的混合菌群的 PLFA 样品无脂质污染,成分不受样品处理过程的影响;(2)可以定量地提取任何性质样品的脂类;(3)可以检测微生物的生物量;(4)磷脂脂肪酸(PLFA)可以从其他的脂类中得到分离;(5)提取的磷脂脂肪酸(PLFA)可以转化成脂肪酸甲酯(FAMES)并纯化;(6)FAME 混合物能够分离、鉴定并定量分析;(7)FAME 混合物的性质和组成代表微生物种群的适当描述。

用于分析混合菌群的环境样品 PLFAs 的提取一般采用国际上有通用的 Bligh-Dyer 方法。同时美国 MIDI 公司开发了微生物 FAME 快速提取法,具体如下。

**1. 所用试剂**

所用有机溶剂为 HPLC 或 GC 级,使用 $16 \sim 18 \, M\Omega \cdot cm$ 的去离子水,其他的试剂为试剂级,具体试剂如下:

(1) Bligh-Dyer 萃取试剂:50 mmol/L $K_2HPO_4$ 水溶液 200 mL,500 mL 甲醇,250 mL 三氯甲烷。

(2) 内标:将 19:0 软磷脂溶解在 1:1 的氯仿、甲醇中,溶解后浓度为 40.9 μL/20 mL。-20 ℃ 存放,使用前添加到萃取试剂中,溶度为 0.5 μL/mL。

(3) 酯化试剂:0.561 g KOH,75 mL 甲醇,25 mL 甲苯。

**2. 提取**

将近 2 g 未烘干的、经过筛分的样品放入称过重量的 13 mm×100 mm 螺旋盖提取管中。样品在室温下进行真空干燥并称取重量。加入带有内标的 Bligh-Dyer 萃取试剂 4.0 mL。在室温下超声清洗器中超声 10 min 后翻转 2 h。离心 10 min 后液相部分转移到干净的 13 mm×100 mm 螺旋盖提取管中。加入氯仿和水各 1.0 mL,混合振荡 5 s,离心 10 min。上层有机相被吸取后在 30 ℃ 下浓缩,-20 ℃ 保存。

**3. 脂类分离**

使用 50 mg 二氧化硅/孔的 96 孔固相萃取(SPE)板进行脂类分离。提取的样品用 1 mL 氯仿溶解,加到带有二氧化硅的 SPE 板中。提取管用 1 mL 氯仿进行清洗,清洗液加入带有二氧化硅的 SPE 板中。氯仿冲洗后加入 1 mL 丙酮,磷脂用 0.5 mL 5:5:1 的甲醇:氯仿: $H_2O$ 进行洗脱,洗脱液进入 1.5 mL 小玻璃瓶中。溶液在 70 ℃ 下干燥浓缩 30 min,然后给予 37 ℃ 温度条件,直到干燥蒸发完全。

**4. 酯化反应**

每个带有样品的硅帽垫小瓶中加入 0.2 mL 酯化试剂,37 ℃ 温度下放置 15 min。加入 0.4 mL 0.075 mol/L 醋酸和 0.4 mL 氯仿,轻轻彻底摇晃 10 min 后,脂相和水相分离。用玻璃移液管移出底部 0.3 mL 的溶液。重复氯仿萃取,移出 0.4 mL 底部溶液。氯仿在室温下蒸发干燥。75 μL 正己烷溶解蒸发干燥的样品,转移到气相色谱分析用小瓶中,储存在 -20 ℃ 条件下。

## 6.2.2 混合菌群 PLFA 的分析检测

采用带有自动进样器和火焰检测器的安捷伦 6890 气相色谱进行测试分析,MIS Sherlock®(MIDI, Inc., Newark, DE, USA)和安捷伦化学工作站软件控制整个检测过程。采用 25 m 长,0.2 mm 内径,0.33 μm 膜厚的安捷伦 Ultra 2 柱子进行 FAMEs 的分离,氢气作载气,恒定流速 1.2 mL/min,分流比 30:1,初始炉温 190 ℃,每分钟升高 $10 \sim 285$ ℃,然后每分钟升高 60 直至升到 310 ℃,在 310 ℃ 停留 2 min。进样口温度为 250 ℃,检测器温度为 300 ℃。通过软件分析得到相关群落结构;采用 MIDI PLFAD1 标准品对气相色谱系统进行校正,从而实现磷脂脂肪酸的准确性和定量。目前数据库中含有 168 种磷脂脂肪酸的生物指标。

## 6.2.3　数据分析

**1. 使用内标法计算混合菌群的生物量**

使用的内标是在天然微生物中没有的磷脂脂肪酸,大部分采用 19∶0 的磷脂脂肪酸作为内标。具体配置和使用见 4.2.1 节中的 1。

(1)计算 19∶0 FAME 加到萃取物中的摩尔数。

①19∶0 磷脂脂肪酸的纳摩尔数 $=5.0~\mu L \times 2.5~mmol/L = 12.5~nmol$。

②19∶0 FAME 的纳摩尔数 $=2 \times 5.0~\mu L \times 2.5~mmol/L = 25~nmol$。

(2)计算样品中的 PLFA 生物标志物的摩尔数。

①计算 Sherlock 报告中所有 PLFA 生物标志物总的峰面积(其中不包括 19∶0 和非 PLFA 生物标志物的峰面积)。

②PLFA 纳摩尔数 = PLFA 峰面积/(19∶0 峰面积/25 nmol)。

(3)计算 PLFA 的生物量。

$$生物量(nmole/g)= nmole~PLFA/样品干重(g)$$

这个计算是基于传统的每个萃取样品中加入 5.0 μL 内标。内标的添加量可以相应调整,计算公式也将相应地改变。

**2. Sherlock PLFA 数据分析工具**

Sherlock PLFA 数据分析包括调整不同脂肪酸化合物的摩尔浓度,根据已知内标的含量进行测定,基于脂肪酸类型的分类结果,基于微生物类型的分类结果 4 部分。Sherlock PLFA 数据分析文件安装在电脑的 C:\Sherlock\Exe\PLFA 位置。其包括用于创建方法和分析脂肪酸的默认文本文件。

(1)调整不同脂肪酸化合物的摩尔浓度。

Transform Samps 程序获取一个 Sherlock 数据文件,然后基于不同的标准建立一个新的数据文件。在这个简单的用途中,考虑到不同脂肪酸化合物摩尔浓度的差异,调整其摩尔浓度和数量,产生标准化的峰值。程序读取了一个文本文件,该文本文件将化合物与其重量信息相关联。

采用默认 PLFAMole. txt 文件,对 19∶0 使用 1.000 的乘数;重量较轻(有更高的摩尔浓度)的化合物的乘数大于 1.000;重量较大的化合物的乘数小于 1.000。可以选择 Sherlock 面积或 Sherlock 数量进行计算。Sherlock 数量文件已经根据基于 FID 计算的响应系数进行了修正,只有在同时考虑分子量和 FID 选择性的情况下,才能应用不同的 Sherlock 面积文件。

具体操作如下:如图 6.23 所示,开始 Transform Sherlock Samples 程序,选择文件所在的目录,然后按 Open Volume 按钮。

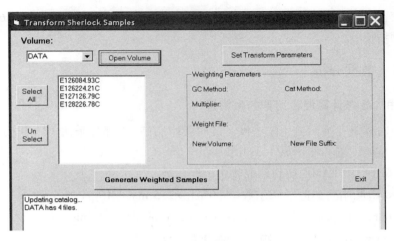

图 6.23　开始程序

选择 Set Transform Parametersa 按钮,弹出图 6.24 所示对话框,默认设定 Weight Transform。选择用于运行样品的 GC Method 为 PLFAD1。对于简单的转换,将 Weight Method 与 GC Method 保持相同为 PLFAD1。如果使用了内标,将自动选择 Multiplier 和 ISTD 的高级功能。如果不用内标做绝对定量,只需取消单击 ISTD 复选框即可。确认 Weight File 指向正确的文件,在本例中是 PLFAMole.txt 文件。形成的新的数据文件可以放在当前目录中,但必须有不同的后缀。

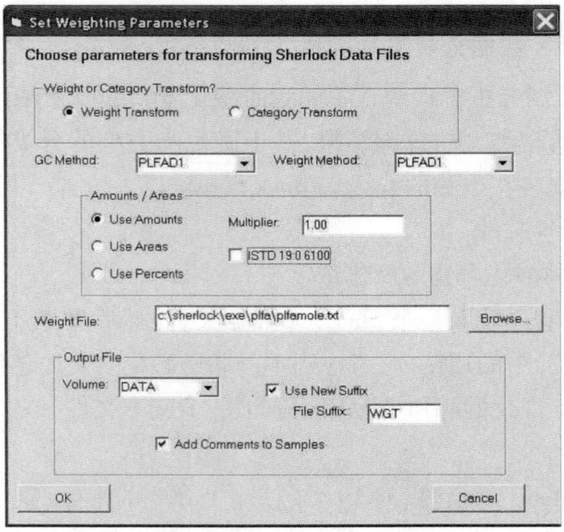

图 6.24　转换程序 1

按 OK 键返回主屏幕,并显示数据文件右侧框中的选择功能。选择要转换的一个或多个数据文件,如图 6.25 所示,点击 Generate Weighted Samples 按钮转换文件,同时在下面的方框中列出结果。转换还会在 C:/Sherlock/Exe/PLFA 位置创建一个记录转换结果的数据文件"TransformSampsLog.txt"。

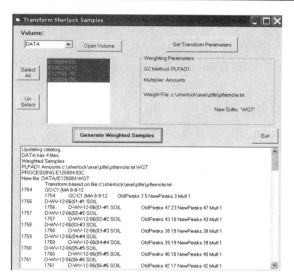

图 6.25　转换程序 2

在 Sherlock 控制中心的".WGT 文件"和每一个转换的文件相联系。通过查看第一个和最后一个命名的峰值确定是否已经完成装换。第一个峰值是重量最轻且基于其峰面积具有最大摩尔浓度的化合物。变换的效果是其摩尔百分比".WGT 文件"中会比原始文件中稍微高一些。同样,最后一个峰是重量最大且具有最小摩尔浓度的化合物。

因为运行 Transform Sherlock Samples 的结果是一个新的 Sherlock 数据文件,所以可以在新文件上使用所有 Sherlock 工具;可以互相比较样本,或者在转换之前和之后对同一个样本进行比较;可以进行树状图、二维绘图、库生成和数据导出到电子表格或数据库所有可用的选项。

(2)根据内标计算样品脂肪酸绝对含量。

Transform Sherlock Samples 程序能够使用内标进行样品脂肪酸绝对含量的计算。需要在重量方法中定义所用化合物的名称及其数量。在 Transform Sherlock Samples 程序的 Method.INI 文件部分找到一个 ISTDNAME 和 ISTDAMT 键,使用内标的数量设定 ISTD 的峰值和数量。这个文件位于 C:\Sherlock\Sysfiles\Methods。如果要为 PLFAD 1 设置内部标准,需要在目录中编辑 PLFAD 1.INI 文件。

在[Method]下添加 ISTDNAME = 19:0 ISTDAMT = 6100 这两行,如果将 19:0 设置总量 6 100 pmol,那么所有这些化合物的摩尔质量也将是以 pmol 来表示。由于该方法定义了内标的摩尔量,因此按下 Transform Parameters 键同时选择 PLFAD1 方法时,ISTD 信息将被列出。可以选择不同的文件后缀,例如后缀.MOL 表示摩尔浓度。

这种计算结果的数值以摩尔(mol)表示,可以直接被读取,ISTD 以皮摩尔(pmol)给出。如果 15:0 ISO 的峰值是 18 700,那么表示为 18 700 pmol。不同的内标峰和数量可在不同的重量方法中设定,Set Weighing Parameters 对话框将显示重量方法的选项。

（3）脂肪酸的重量计算。

典型的一个计算参数为 mol/g 样品。如果样品质量是 1 g 不需要进行改变，如果样品使用不同的重量，则可以在 Transform Parameters 对话框中设置乘数，其乘数为样品重量的倒数。如果样品质量是 2 g，设定乘数为 0.5。对于使用不同重量的不同样品，则系统可以考虑这些重量。只需将其重量放在表单中的示例 ID 中："G=weight"。软件将自动除以脂肪酸测定的数字，以校正土壤重量。

（4）碘值的计算。

样品的碘值是表征该样品不饱和度的指标。使用 Transform Sherlock Samples 进行自动计算。碘值的计算是将每种脂肪酸的百分比乘以一个因子，该因子结合了该脂肪酸中的分子量和双键数的特征。例如 18:1 脂肪酸值为 0.859 9，18:2 脂肪酸值为 1.731 5，18:3 脂肪酸值为 2.615 1。全部的脂肪酸因子储存在文件 IodineFactors. txt. 中。

使用 Transform Sherlock Samples 计算样品的碘值，在图 6.26 所示对话框选择以下参数：在 Amounts/Areas 选择 Use Percents，乘数（Multiplier）选择 100.00，重量文件（Weight File）选择 IodineFactors. txt 文件，文件后缀（File Suffix）为 IOD。

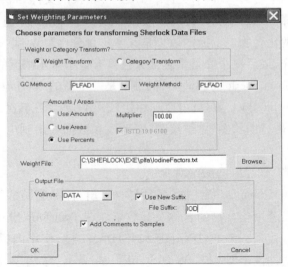

图 6.26　碘值计算程序

使用碘值的转换，每个峰的响应值将被其碘值所取代。表 6.5 为橄榄油样品的结果示例：这个样品总的响应值为 8 305，相应的碘值为 83.05，橄榄油的碘值范围为 80～88。

（5）样品分类。

Sherlock PLFA 工具的另一个主要功能是按其类型对样品中的化合物进行分类。可以按脂肪酸类型或微生物类型进行分类。按脂肪酸类型的分类包括直链、支链、羟基脂肪酸等。按微生物类型分类包括革兰氏阳性细菌、革兰氏阴性细菌、真菌等。该软件附带了这两种分类的默认文件。

表 6.5 橄榄油脂肪酸碘值

| 响应 | 峰值 | 百分比 |
|------|------|--------|
| 11 | 16：1 w9c | 0.13 |
| 99 | 16：1 w7c | 1.19 |
| 23 | 17：1 w8c | 0.27 |
| 1 318 | 18：2 w6c | 15.88 |
| 6 580 | 18：1 w9c | 79.23 |
| 250 | 18：1 w7c | 3.02 |
| 24 | 20：1 w9c | 0.28 |

PLFAD1FA. txt 文件按脂肪酸类型分类如图 6.27 所示。

```
Category    Index Multiplier   Peaks
...
Straight    1     1      10:0   11:0    12:0    13:0    14:0    15:0    16:0    17:0
                         18:0   20:0    21:0    22:0    23:0    24:0
...
Branched    1     1      11:0 iso      11:0 anteiso 12:0 iso     12:0 anteiso
                         13:0 iso      13:0 anteiso 14:1 iso w7c 14:0 iso
...
MUFA    1   1            12:1 w8c      12:1 w4c      13:1 w5c      13:1 w4c
                         13:1 w3c      14:1 w9c      14:1 w8c      14:1 w7c
                         14:1 w5c      15:1 w9c      15:1 w8c      15:1 w7c
...
```

图 6.27 脂肪酸类型分类

PLFAD1FA. txt 文件按微生物类型分类如图 6.28 所示。

```
Category    Index Multiplier   Peaks
...
AM Fungi    1     1      16:1 w5c
Gram Negative 1   1      10:0 2OH      10:0 3OH      12:1 w8c      12:1 w4c
                         13:1 w5c      13:1 w4c      13:1 w3c      12:0 2OH
                         14:1 w9c      14:1 w8c      14:1 w7c      14:1 w5c
...
Methanobacter 1   1      16:1 w8c
Eukaryote   1     1      15:4 w3c      15:3 w3c      16:4 w3c      16:3 w6c
                         18:3 w6c      19:4 w6c      19:3 w6c      19:3 w3c
...
Fungi  1    1            18:2 w6c
...
```

图 6.28 微生物类型分类

为了使用 Sherlock PLFA 工具的分类功能,首先必须创建包含分类列表的 Sherlock 方法。如图 6.29 所示,使用 frmMakeCatMeth 工具创建 Sherlock 样品的分类方法。首先需要给出不超过 8 个字符的方法名称,按照脂肪酸类型创建的方法名字为 FATYPE,将其键入屏幕上的"方法名称(Method Name)"文本框中,其文件位于 C:/SHERLOCK/EXE/PADIFA. txt。使用 Browse 按钮选择该文件。在选择 FATYPE 的方法和选择的 PLFAD1FA. txt 文件的情况下,点击 Make Method 创建此方法,程序在创建的方法中将列出峰的数量。这个程序可以按照微生物类型重复设定,选择的方法和文件名字为 MICTYPE 和 PLFAD1SoilMic. txt。所有转换保存在 Transform SampsLog. txt in c:/Sherlock/exe/PLFA。脂肪酸峰命名表将反映 FATYPE 方法的脂肪酸类型和 MICTYPE 方法的微生物类型。

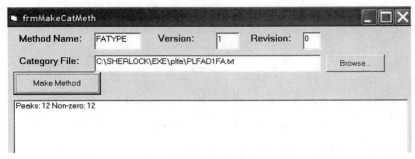

图 6.29　微生物分类程序

（6）Transform Sherlock Samples 的分类。

Transform Sherlock Samples 程序不仅可以基于摩尔浓度创建新的 Sherlock 数据文件,还可用于基于分类方法创建新的数据文件。启动 Transform Sherlock Samples 并选择数据,点击 Set Transformation Parameters 按钮。在如图 6.30 所示对话框的上部,选择单选按钮 Category Transform。GC Method 选择原有的方法（通常为 PLFAD1）,Category Method 选择 FATYPE 或 MICTYPE（或者你建立的其他的方法名字）。选择描述从 PLFAD1 分峰到分类图谱的 Category File。PLFAD1FA. txt 文件对于 FATYPE 包含样品的这些图谱信息,可以设置适当的文件后缀,例如用于细菌分类的 FAT。

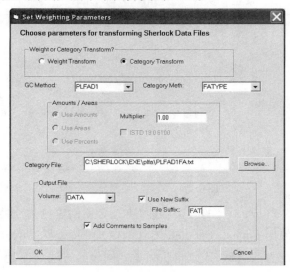

图 6.30　选择参数程序

按"确定（OK）"退出此对话框,Transform Sherlock Samples 的主执行按钮将读取 "Generate Categorized Samples",如图 6.31 所示。选择一个或多个文件并按下执行按钮创建分类文件。其他文件可以通过依次选择每个文件进行转换。特别要注意的是,分类转换的输入是重量文件,而不是原始文件,以这种方式,分类将包含每一组的经过校正摩尔浓度的脂肪酸。

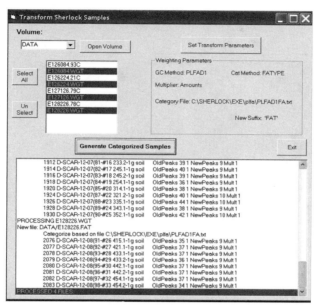

图 6.31  样品分类程序

对于创建微生物分类,使用 MICTYPE Cat Method,文件后缀为 MIC,PLFAD1SoilMic.txt 为分类文件,重新运行程序。

在 Sherlock 的样品模式中,现在每个文件可能有 4 份文件类型:原始文件,重量转换文件,微生物分类文件.MIC,脂肪酸分类文件.FAT。图 6.32 所示为土壤样品的脂肪酸分类,由于进行了重量转换,这些百分比是校正过的摩尔关系。

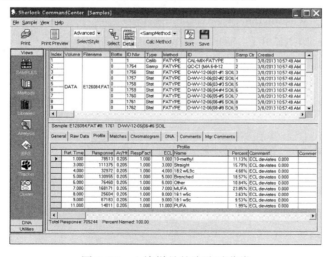

图 6.32  土壤样品的脂肪酸分类

　　下面是如何能够对分类数据进行深入分析的一个示例,如图6.33所示的二维图是根据FATYPE的结果绘制的,并显示了两组样品被支链脂肪酸(典型与革兰氏阳性细菌有关)和10-甲基脂肪酸(与放线菌有关)的数量所分离。

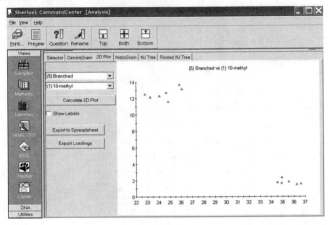

图6.33　数量分离关系图

# 参 考 文 献

[1] ABEL K, DE SCHMERTZING H, PETERSONJ I. Classification of micro-organisms by analysis of chemical composition. I. Feasibility of gas-chromatography [J]. Journal of Bacteriology,1963,85:1039-1044.

[2] STAHL D A. Molecular approaches for the measurement of density, diversity, and phylogeny[M]. Washington DC:ASM Press,1997.

[3] WHITE D C, PINKART H C, RINGELBERG D B. Biomass measurements:biochemical approaches[M]. Washingtan DC:ASM Press,1997.

[4] FOSTERA A L, MUNK B L, KOSKI R A. Relationships between microbial communities and environmental parameters at sites impacted by mining of volcanogenic massive sulfide deposits, Prince William Sound, Alaska [J]. Applied Geochemistry, 2008, 23(2):279-307.